# 職場又不是沙發，追求舒適要幹嘛？

周品均的35堂犀利職場課

周品均——著

contents

contents

## Part 4 想帶人，就要先適應高處不勝寒

# Part 1

# 找工作就像談戀愛，別在不適合的地方浪費青春

# 沒經驗等於沒機會？要想辦法讓別人看到你！

# 01

很多人問過我，明明很努力投履歷，也很用心寫自傳，為什麼都沒有被通知面試？是不是因為沒有相關經驗，在第一個關卡就直接被刷掉？求職過程經常覺得很受挫。

其實收到無聲卡有很多種情況，例如你投的是你很嚮往的職位，像是行銷企劃、社群媒體經營、主管特助、服裝編輯等等，可是你完全沒有相關經驗，你的自傳也看不出和這些職缺的關聯。

在沒有相關經驗，也看不出有什麼特質符合的情況下，當然很容易第一關就被刷掉，畢竟同時飛來的履歷那麼多，總不能期待人家都會海選找去面試，到現場再花時間慢慢了解你。如果你真的很想得到機會，你應該一開始就想辦法梭哈！

## #作品會說話，花點心思量身訂做，面試機率提升N倍

如果你應徵的是視覺設計、美編、網頁設計等專業領域，一定要準備符合該公司需求的相關作品，不要只給毫不相關類型的作品。例如你應徵的是我們集團旗下的服飾品牌，而你提供的卻都是工業設計的作品，都不是流行、人像、服飾類型，看起來與時尚產業完全無關，你通常不會被選來面試。

如果你應徵的是網頁設計，那麼你最好提供如同我們集團旗下各個品牌網站類型的設計作品，我們就可以很快的想像，你可能可以替我們做什麼，面試機率就很高。但是我們卻經常收到「工程單位的施工進度網頁、五金器材公司的材料簡介網、進出口貿易的網站設計」等等不相關、且產業類型差異很大的作品，當然就很容易被刷掉喔。

不同產業有不同的需求，提出最有相關性的作品，就等於是趕快讓對方可以想像，如果是你來做，可能會是什麼樣子，當然值得你好好用心啊！你可能會說，可是我並沒有相關的作品，難道要現在特別做一份？當然啊！如果這是你很想進去的公司、你很想要的職位，怎麼會不值得你特地量身訂做一份呢？

關鍵其實還是在於，你到底多想要拿下這個工作？

## #出社會超過五年，校園先不要再提了！學會這招替你大加分！

除非你是社會新鮮人，不然真的不要長篇大論說明學生時期的事蹟，因為你都畢業好幾年了啊。講講工作上負責過的專案與經驗吧！不要再提家庭背景或學生社團的事了，否則人家看到這種自傳，可能會懷疑你是不是出社會後再也沒改過履歷？

即便你真的是新鮮人，唯一能提的就是家庭背景與校園，也有訣竅喔！別傻傻的只說自己家庭背景、排行第幾，務必說出「這樣的家庭，讓你擁有什麼特質或價值觀」，而這樣的特質或價值觀，與你現在要應徵的職位，有什麼關聯性！例如：因為家庭背景與父母的性格，讓我養成謹慎、細心、力求完美的個性，於是很適合擔任錙銖必較的財務部門助理。

看到了嗎？重點在「關聯性」，不在家庭背景講完就句點喔！校園的部分也是一樣，不要傻傻的只說自己有參加國樂社，經常出團表演就結束。你可以說：

因為這個經驗，我學到了團隊合作的重要，完全可以理解團隊之間的相處與默契，才是致勝的關鍵！每次的出團表演經驗，也讓我抗壓性比別人高，很能適應臨場的壓力，並沉穩的面對。是不是聽起來就厲害不少呢？

現在開始，履歷上千萬不要再寫完家庭背景、校園經驗就結束囉。如果已經被請去面試，面試時當然也是一樣這麼做。找出關聯性，學會替自己加分喔！

## #沒有優勢就認清現實，繞路走有時候比較快

也經常有人問，有些職務就是寫著應聘條件是：要有相關經驗。但社會新鮮人就是不會有相關經驗，應該怎麼樣才會有優勢呢？

既然你都知道這份工作需要經驗了，為什麼還傻傻的認為自己會有優勢呢？除了你以外，可是有很多在業界已具經驗的人，都在搶這個工作機會耶！先認清這個現實：這種情況下，自己不具備任何優勢。

既然沒有優勢，那就繞點路吧！

例如你對行銷企劃這個工作很嚮往，你可以先從不需要經驗的行銷助理

做起。請記得，有些職位沒有從最基層做起就永遠進不去，除非你有「特殊關係」，否則通常別想一次空降到位，花點時間，先繞點路吧！

如果同樣的部門沒有開助理職缺，為了先進去這家公司，甚至先投遞不同部門的助理職位都可以，畢竟只要能進去這家公司，一定比還在外面的人更有機會啊！

我現在的公司，就有很多人是先進來之後，再申請轉調部門的喔！事後詢問他們才發現，因為他想要的部門當時沒有開職缺，或者面試後沒有被錄取，於是他們就試試看其他部門的職缺，先成功進來再說。熟悉公司文化、熟悉主管之後，再想辦法爭取轉調部門的機會。你說，這樣聰明的繞點路，是不是有時候反而比較快呢？

## #很認真的想從基層做起，也不行嗎？

跟前面說的情況相反，我也看過不少擁有碩博士學歷、留學生，甚至是有海外知名流行設計學院背景，在國外的實習經驗看起來也很厲害的人，投的卻是最初階、不需要經驗的各部門行政助理，而不是高度專業的職位。助理職的起薪並不高，很多時候甚至工作內容也和這些應徵者的專業完全不符，讓人想不透為什麼會來投遞呢？我建議，你應該直接在履歷上說明原因。

千萬不要以為，我都這麼認真願意從基層打拚起了，還不給我一個機會嗎？因為公司可能會覺得你是不是投錯了？還是你可能想要自己創業，只是想進來一探究竟？會不會只是想要進來看一看，不到一個月就走了？因為公司很難想像，你的學經歷與專業，為什麼會願意擔任最初階的助理職，與其讓別人質疑，還不如自己說明！不然很多公司也不敢貿然用你啊。

聽我一句，既然都要投履歷了，就把所有可能的問題一次說清楚嘛！也把會對自己加分的事情，一次梭哈嘛！別老是想等到被通知面試，才來好好解釋、再來好好表現。在有所保留的情況下，很可能你就是等不到面試機會啦。

請想像自己只有一次被看到的機會，去寫你的履歷與自傳吧！

## #別想用傳統的方式，進入不傳統的產業

也有很多人問，現在不少公司都希望應徵者提供臉書或ＩＧ帳號，這真的是必要的嗎？如果有些私人的紀錄或心情，就是不想讓別人看，難道會影響錄取率嗎？

這就看你怎麼想囉。我的看法是，人本來就要懂得經營自己，而社群媒體就是一個最適合經營自己的地方。不妨把臉書或ＩＧ當成你的履歷，而且是圖像式的、具有個人風格的履歷，其實比傳統的制式履歷更好發揮！

如果你想進時尚產業、公關產業、創意性產業，例如你投遞的是社群小編、品牌公關，你的臉書或ＩＧ根本是你最好的作品集啊！尤其如果你想要成為拍片模特兒、社群小編、直播小編，最好主動提供臉書、ＩＧ或YouTube影片，絕對會讓你印象加分，增加面試機會！不要去想難道不給就會扣分，而是去想給了會不會加分！

前陣子，我錄取了五位新人，都完全沒有相關工作經驗，其中有四位是因為看了他們的ＩＧ日常，另一位則是看了他經營的YouTube頻道。老實說，他們從

哪裡畢業、自傳寫什麼、以前做過什麼，我都不覺得有什麼特別之處，如果沒有看到社群帳號，我應該不會選擇他們。

社群上的日常，反而是他們脫穎而出的原因！尤其是我們這樣的時尚產業，跟數位、社群息息相關，我們多希望你最好就是社群的重度使用者啊！記住：不要想用傳統的方式，進去不傳統的產業，尤其是那些最新、最快、最時髦的產業。

## #找工作就像相親，早點發現不適合其實是好事

找工作就和找對象一樣，彼此適合才是重點！履歷和面試都是為了確認彼此適不適合，也不是一定要被錄取才有意義。你去被面試的時候，也是去挑選自己想待的公司，挑自己想跟隨的老闆，千萬不要什麼都只想配合對方，最後才發現價值觀不合而分開，反而雙方都浪費了不少時間。

我反而覺得，一開始雙方都要確認彼此的特質與價值觀，找出共同的期許與目標，如果本質上就不適合，寧願一開始就不要在一起啊！你談戀愛的時候都很

怕浪費青春，為什麼找工作的時候不會這樣想呢？

最後的提醒，就是最多人常犯的毛病，不要習慣在履歷或面試時，只表達出「我很有學習的熱情」、「真的很想加入貴公司學習」，諸如此類看似謙虛、其實真的不會加分的內容，因為這些根本不是優勢喔！只是你對自己的期許。

把期許與決心放在心中，把真正的優勢充分展現出來，才是必勝的關鍵喔！

**職場辣雞湯——**

**當你的實力還需要更多努力，先想盡辦法讓別人看到你！認清現實！繞路走，有時候反而比較快！**

## 02

# 許多職場問題，其實來自你的性格問題

很多在工作上表現不好的人，其實生活也是一團亂。而且你往往會發現，他在職場上與生活中的問題其實是一樣的，根源都來自於「性格」，例如莽撞、欠缺思考、貪心、不願付出、總是誤判局勢、缺乏熱情、短視近利等等，這些性格上的問題，絕對不會在工作的時候才出現，而是在日常生活上就是如此。

看過《火線追緝令》嗎？電影中的布萊德彼特就是最好的例子。劇中的他年輕氣盛、個性衝動，調查七宗罪的案件，其實也讓他面對自己性格的缺失，面對自我的缺點，這是我們一生的功課。

每個人從求學到就業，人生的各個階段都會被一些問題困擾，而那些問題其實多半都和性格有關。所以我才說，人生和職場一樣，都是在跟自己的性格正面對決。但是大部分的人沒有跟它正面對決，而是任由那些問題控制著自己，日復一日。所以人生最大的絆腳石，不是別人，絕對是你的性格缺點，早點認清這件事，早點開始對決吧！

## #有怎樣的性格缺點，就會導致怎樣的工作缺失

有人問，什麼是性格的課題？要怎麼知道自己的性格缺失？我舉幾個例子，大家會比較了解。

有些人的課題是「太愛面子、太想被人肯定」，也許他工作很努力、很積極，可是只要他的努力不被肯定，熱情馬上就會冷卻。大家想想，這樣在職場上，是不是很容易造成問題？因為真的不可能每次你做對什麼，就有主管會來稱讚你，很多人在這樣的情況下，面臨的就是工作倦怠，因為覺得每天都在做一樣的事，最後就提不起勁。

如果沒發現自己的性格才是問題的原因，而是覺得自己的付出都不值得，就用離職來解決問題，那不管換幾間公司都沒有用。拜託，職場不是馬戲團，

不是你做了什麼，就會有觀眾立刻幫你拍拍手，你需要的肯定要靠自己給！

有些人的課題是「太急躁、衝動」，雖然做事積極，很有效率，但有時候還沒有搞清楚方向，就開始直直往前衝，最後往往要花更多時間才能繞回來。

有些人的課題是「缺乏自信、太過軟弱」，導致做什麼都綁手綁腳，因為太害怕犯錯，老是裹足不前，所以總是落後人家半拍。要是又遇到工作表現被質疑，就更加退縮了，永遠困在自我懷疑中鬼打牆。

有些人的課題是「消極、被動」，覺得多一事不如少一事，總是逃避重要責任，因為他希望無事一身輕，最好是困難的工作不要有他，老闆罵人的時候也不要掃到他，雖然或許不會犯什麼大錯，但是他的不可靠，別人都看在眼裡。

還有的人是「少根筋、粗心大意」，交出來的東西永遠有三〇%是錯的，每次都說下次會小心，但下次又犯別的小錯誤，永遠無法保持穩定不出包，總是讓老闆不放心，他也不懂自己到底應該如何改進。

有些人則是「缺乏團隊思維、不懂放手、拒絕合作」，什麼事都只想自己一手包辦，不信任別人，也無法與別人合作，但是每個人的時間都是有限的，也不是什麼事情都可以一個人處理，如果老是不懂得團隊合作，運用眾人合作的力量，很難成得了大事。

還有些人的課題是「貪心，什麼都想要，又不願意取捨」，最後什麼也得不到。也有些人的課題是「心胸狹窄、嫉妒」，見不得別人好、受不了別人比他強，總是處於和同事針鋒相對的狀態……。

這些課題，其實是從你的原生家庭、校園生活，一直跟著你到職場，徹底影響你的整個人生。但人往往沒有自覺，只覺得是環境造成的，看不到自己的性格缺失。其實在人生任何階段上所遇到的問題，大部分都是來自於性格的缺失。

靜下心來想想看，你自己的性格課題是什麼？

## #與其不斷換工作，不如解決問題的本質

如果你一路求職不順，好不容易找到工作卻做得不開心，和同事、主管相處也不愉快，要不要先回頭面對自己的人生課題呢？誠實的檢視自己的性格缺失，回歸問題的本質，先好好處理它。

例如，你知道自己的個性很龜毛、很挑剔，這可能是你的性格缺失之一。找

出了可能的缺點，接著就是判斷你的缺點在職場上，是否的確已經造成了問題。你可以練習這樣思考：

Q：你現在的這份工作，公司要的是什麼？

A：我是開發人員，公司希望我能控制好成本，但又要兼顧品質，才能維持商品的競爭力。

Q：你的可能性格缺點：「太龜毛、太挑剔」，在工作上產生了什麼樣的影響？

這時候的答案，你必須很客觀的去思考，千萬不要給自己找理由，才能看清自己。如果你的龜毛，經常能夠協助達成公司想要的目的，例如你就是很能夠嚴格把關品質不佳的問題，甚至也很會跟廠商端砍價錢，能夠達成公司給你的目標：控制成本、兼顧品質，那麼可能你的龜毛在職場上的運用是對的，應該要堅持下去。這時候，你的性格缺點，反而是個好的特質。

相反的，如果你的龜毛是用在苛刻你的同事、過度刁難你的廠商，最後造成開發流程的阻礙，甚至因為你的吹毛求疵，老是造成更多的開發成本，並不會達成公司真正需要你做的，當然就是不必要的。這樣去檢視自己，答案是不是就很清楚了？前提是你必須對自己誠實。

於是我們知道，很多時候離職根本無法解決問題，因為那些問題是跟著你走的，同樣的狀況可能會在不同公司、不同職位上，不斷的發生。

## #不斷自省，誠實面對自己

不斷的自我反省，是個很好的思考習慣，就像剝洋蔥，一層一層的剝開。多數人問自己的問題可能太過情緒化：「我在職場怎麼做得那麼不開心？」「一定是我的開發部門太複雜了，現在的廠商都很難搞，同事又不夠專業，老闆也實在太刁鑽。」最後很容易就變成這樣，完全是在檢討別人了。

你可以先問自己一個比較廣泛的問題：「這個工作讓我做得好累，為什麼？」接著開始照上面的方式，拆解問題，把最困擾你的大問題，拆解成三到四個小問題，然後一一反問自己，答案就會自然浮現。

如果你常常這樣練習，做每件事情時，不時反問自己是為了什麼？就不會做到最後，卻不知道自己為何而忙。就像談戀愛的本質是為了快樂，如果總是悲傷、哀怨，當然不要繼續，何必苦苦糾纏。工作的本質當然是為了賺錢，如果某些行為會危及你的薪水和前途，就要知道必須避免。

不管是人生、創業、人際關係、追求夢想、談戀愛，都不妨常常這樣練習，回歸問題的本質，就能幫助你釐清自己到底做得對不對。人真的很奇妙，常常會忘記自己為何而工作？每天庸庸碌碌而不自知，直到職場不順遂、生活也失去樂趣，才有機會思考這些問題，才有機會誠實面對自己。

不要錯過這些檢視自己的機會，從今天開始，請勇敢面對你的人生課題，和你的性格正面對決吧！認識自己的性格，才不會讓同樣的問題害你在職場上跌跌撞撞，也才能真正體會工作的成就與價值。

**職場辣雞湯**

**性格不只影響你的職涯，更影響你的一生**
**回歸問題的本質，和你的性格正面對決！**

# 03 找到你的天賦，然後奮不顧身投入

很多人問我，當初是如何確定自己的志向？因為他們都不知道自己想做什麼、適合做什麼，到底該怎麼辦？

學生時期的我，其實有興趣的是寫作、朗讀、演講、繪畫，這些才是我「喜歡」的事情。服裝造型，只是被我列為「日常好玩、可以打扮漂亮」的事情而已，當時並沒有想要走這條路。

後來大學進了傳播系，採訪、廣播、電視、公關、剪接的課我都上過，我最喜歡採訪寫作課了，因為我知道自己邏輯清楚，可以很快抓住重點，而且也很擅長寫，在這方面的表現得心應手，除了寫得快，也經常被教授稱讚內容寫得好、切角抓得準。

同時，我也對廣播、節目後製感興趣，覺得或許也是一條未來可以走的路。至於當時大部分女性同學都嚮往的電視、新聞媒體，我反而沒有明顯的興趣，很多同學都夢想當上螢光幕前的女主播，我卻只想玩幕後製作，對幕前沒興趣，也不覺得自己適合。

後來很多同學都選擇到公關公司實習，我卻在大三不小心透過網路創業了，雖然最後沒有當上採訪記者，也沒做廣電，但大學時期學到的知識與專業，其實都對後來的創業很有幫助。

## #興趣就算當不成職業，還是可以為你加分

千萬別以為你的興趣或念的科系和後來走的職業不同，就是一種浪費，其實你可以在很多方面做到學以致用。並不是沒去做大學本科系的工作，大學那四年就白念了。

比方說，因為我有採訪編輯的經驗，每次記者採訪我，我就知道要用最快的速度給他們重點和畫面，不要浪費時間給一堆不相關的資料，或只聊自己想聊的

事情，反而會增加對方的工作量。所以很多採訪過我的記者都說，採訪我很有效率，可以很快拿到重點，讓他們後續的處理很輕鬆，配合起來很愉快。因為我知道對方要什麼，應該怎麼協助他們的工作，這不是也幫上我自己公司的忙嗎？

喜歡寫作、喜歡攝影、喜歡繪畫、喜歡剪接，這些看似是我的興趣，也是我學生時代不斷接觸的東西，最後在我的工作上，好像這個也能用上、那個剛好我也可以。所以不要覺得沒有把你的興趣變成職業，就等於浪費，你學到的總有一天會派上用場。

## #善用你的天賦，花時間去累積經驗

至於服裝，我很幸運的是在創業當了老闆後，先獲得了一定程度的資源與初步成功後，才開始真正接觸設計和生產製程，如果一開始就得從生產製程下手才能創業，或許我就不會走上這條路了。雖然我不是服裝科系出身，但因為已經擁有設計團隊，可以藉由自己的美感和敏銳度，請設計團隊幫我做出我要的東西。我不會畫設計圖，可是我知道看起來腰線要下降一寸、裙擺分量要增加五寸，我能夠明確的提出我的需求。

當然也曾經遇過，我要求改版後，已有二十多年專業經驗的版師覺得版型怪怪的情況，所謂「怪怪的」，其實是因為那不是他們多年來「習慣」的版型，而是比較新式的剪裁。我經常飛出國看流行、看版型，我覺得那是更符合市場的東西，但是由於沒有服裝專業，當時二十六、七歲的年紀又太過年輕，很容易被人質疑：妳這小女生真的懂嗎？這時候要怎麼讓大家信服呢？答案就是堅持，然後讓產品大賣，讓消費者證實我的眼光和美感，這樣的設計確實更符合現今市場的需求。

多年的磨練之下，自然練就出一番功力，看一眼就知道版型哪裡有問題，甚至瞄一眼布料，心中就會浮現適合運用的版型。

無論以前在中國管工廠的經驗，還是現在和韓國的產線合作，我想修改什麼細節，都是先相信自己的眼光和經驗，再請設計師或工廠幫我完成。後來也推出許多獨家打版款，從布料、選色、配料都是我親手挑選，自己也沒想過原來沒念過服裝科系的自己，竟然可以做到。

還有一個我也覺得不可思議的能力，那就是我對衣服和布料幾乎過目不忘。有時候一個禮拜的採購與設計會議下來，接觸了上千件款式，但只要是看過一眼的衣服和布料，我都會記得，就算下次見到時是摺起來只露出一小角，我還是知道就是那一件！

老實說，我也不知道自己怎麼辦到的？或許這就是所謂的「一萬小時定律」吧？每天看、每天摸，不斷投注心力，累積數年下來，就會成為擁有特殊能力的專家。所以我覺得大家不要被「一定要科班出身」這樣的觀念給綁架。

其實很多道理是相通的，就像很多人問我怎麼能常常穿那麼高的高跟鞋？其實沒有訣竅，常穿、常走就會了。想要比別人更厲害，就是比別人多做、比別人常做。我很相信，沒有人生下來就有超能力，或許會有一點點天賦，但主要還是得加上更多的後天努力，這個道理放在職場或生活都是相通的。

## #分辨「我喜歡的」vs.「我擅長的」

建議選科系或求職時，不要只看自己喜歡的，要搞清楚自己的能力與擅長之處，一定要客觀的了解自己的程度到哪裡，尤其是職場，真的不是只要喜歡就夠了。

很可能你喜歡的，與你擅長的其實天差地別，但分辨喜歡和擅長的能力不會從天而降。如果你是還無法分辨的人，你覺得待在原地什麼也不做就能分辨嗎？那和坐在家裡，等著天上掉錢一樣。既然要「找到」自己擅長的事、「找到」人生的目標，「找」是一個動詞，你當然必須採取行動！

想像一下，你在森林中迷路了，明明知道呆坐在原地會餓死，總會想辦法到處試探看看吧？總要評估一下往哪個方向走，比較有機會找到水源或出路吧？現在這座森林叫做「你的人生」，所以你知道該怎麼做了嗎？

如果你真的不知道自己喜歡什麼又擅長什麼，就鼓起勇氣多多嘗試吧！去不同的產業、不同的職位試試看，至少不要留在原地，才有機會找到適合你發揮的舞台。

如果你找到屬於你的舞台，也發現自己在某些領域有特殊天分，你一定會奮不顧身投入，越做越有興趣，就很容易變得比別人出色！有人問過我，知道現在的工作不是自己擅長的，想跳槽又怕付出的都前功盡棄，怎麼辦？我反問他，你覺得前功盡棄是種浪費，那你怎麼都不覺得做自己不擅長也沒興趣，或感覺根本沒未來的工作是在浪費人生呢？

我認為每個人都有自己注定該做的事，而我們該做的就是去探索，找出那個命定職業，就能發光發熱！你找到你的命定了嗎？如果還沒有，趕快採取行動吧！

**職場辣雞湯——**

再高的高跟鞋，穿久就走得順了

再深的專業，堅持努力一萬小時就變拿手了！

## 年輕時別對自己太好，不放過自己才會出色

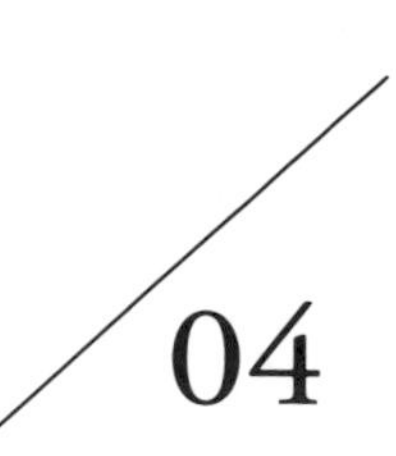


我的公司有很大一部分的員工年齡，是介於二十五歲左右，未滿三十歲之間，我發現大多數這樣的年輕員工，都很擔心自己的工作經驗不足，是不是很難被重用？

我自己是在二十二歲創業，二十五歲時員工就破百人，老實說，我一點都不覺得年齡和經驗是問題。而且我向來大膽啟用年輕人，甚至是完全沒經驗的新鮮人。身為老闆，我可以告訴大家，為什麼很多公司不喜歡用三十歲以下的年輕人？

年輕人的確容易出現一些問題，例如仗著自己年輕不懂事、沒經驗不會做事很正常、犯錯也輕易放過自己、覺得前輩本來就應該教你、公司本來就應該

給你機會，甚至給自己訂下一個很低的標準，認為「因為我就沒做過啊！」等等。雖然並不是每個人都會這樣，但是這樣想的人，真的就會讓年輕成為你的致命傷。

## #年輕不代表標準要低，反而代表你得學更快

我年輕時從不會這樣想，雖然我年輕，但我要會的跟別人一樣多，甚至比別人更多！我當時的想法是，如果我跟你會的都一樣，但是我比你年輕十歲，這樣不是更厲害嗎？所以拜託年輕人，把你的標準拉高，千萬不要給自己太大的空間，否則很難變得出色。

二十五歲時，我交手的都是三十五歲，甚至四十五歲以上的商場老手，不管開會、吃飯，同桌坐的都是企業CEO和高階主管，只有我是二十五歲的小女生。我確實比他們年輕，但我從不會用「因為我年輕，你們講的我怎麼會懂」的心情面對一切，因為我很清楚我一直都在「越級打怪」。

大三創業時，我的同學都在享受青春、談戀愛。大四時，我的公司已經成為

網購服飾第一品牌、營收也破億了。同學們正在規劃畢業旅行要去哪裡玩，不然就是討論畢業後要做什麼，而我卻已經背負著經營公司的壓力，每個月要扛起整家公司的開銷與營運，我知道自己已經走上了與別人不同的道路。

如果我讓年輕成為我的弱勢，覺得跟不上商場競爭的一切是正常的，那我就浪費了這一切，所以我必須謙卑的向每個人學習，觀察他們怎麼思考，不斷提升自己，讓自己跟上！而年輕的好處，就是每個人都把我當成小女生，什麼都願意告訴我，光是聊天我就可以學到好多好多。

別把年輕、不懂事、沒經驗當成藉口，要讓它成為你的優勢，而不是你的絆腳石！

## #把握體力戰力最強的時候，替自己拉出差距

我很歡迎年輕人加入團隊，因為我自己就是年輕時就創業，但也因為如此，我絕對不會因為你年輕，就給你比較寬鬆的標準。相反的，我會對你有更多期待，既然你年輕，應該可以學更快呀！應該更勇於嘗試啊！要更沒有包袱、沒有

框架，要更有創意呀！對網路科技的運用要更擅長啊！而且如果沒有小孩與家庭的話，回家其實有更多自我學習的時間呢。

我又不是沒有年輕過，我完全知道年輕時的戰力有多強好嗎（笑），二十五歲時我體力超好，有時候一天可能只睡四個小時，熬夜的隔天竟然也不會累，而且腦袋裡的創意源源不絕！那個時候正是創造力最好的時候，什麼新鮮好玩的資訊都是第一個知道，第一個投入，一下就得心應手。

相信我，中年時期體力上、心情上就完全不是這樣了。所以真的不要浪費人生最有戰力的時期啊！不要再抱怨社會不給年輕人機會囉！年輕，是你的優勢，還是你的絆腳石？其實是你自己決定的！

## #遇到質疑，不要花時間反駁別人，而要花時間提升自己

有人說，職場上老是會遇到一些「自以為是的大人」，喜歡質疑年輕人的能力，甚至倚老賣老，擺出一副「年輕人懂什麼」的姿態。我了解這種感覺。但是那又怎麼樣？難道你就要因此退縮放棄，不去努力嗎？不會嘛！所以為什麼要管

別人怎麼看你？達到你的目的比較重要！

我的創業路上被質疑的故事也很多，因此太了解這種因為年輕而被質疑、否定的感覺了。大學創業的時候，很多人覺得網拍只是「小孩玩的東西」，直到數年後有太多的市占率都被網路電商搶走了，人們才開始重視到這可能是個新興產業，這時候，網路電商早就出現一群個個營收都破億的創業老闆們，就是當初大家認為的那些「死小孩」。

你要花時間反駁別人，還是要花時間提升自己？你要學習新知，還是要像很多人一樣觀念僵化，步入中年後不花時間了解新的時代，就只會老是抱怨年輕人？有一天你可能也會變成那樣！

現在我自己也慢慢進入中年了，我一直謹記在心，永遠都要知道「年輕人真的懂什麼」。我絕對不要變成以前遇過的那種大人，反而會想要提供舞台，讓年輕人有機會表現，尤其是那些他們一定比我懂的東西，就交給年輕人去做吧！

如果你是上有主管，下有下屬的小主管，更要有危機意識。因為你既要完成老闆的期待，又要帶著下屬成長，尤其當你手下的年輕人，運用網路科技的能力比你強，又比你懂得操作社群平台，你就會知道其實你沒那麼厲害，如果不繼續提升自己，馬上就會被趕過去。

常有人說，每天都習慣追我ＩＧ的限時動態，每次看到我的社群發文，就能夠提起振作的心情，再看看那些在職場上，又年輕表現又好的菁英，就會不敢告訴自己不要那麼累，因為他知道現在不累一點，以後可能會變成被淘汰的邊緣人，那還是趁有機會拚命時，多拚一點好了。

沒錯！當你在職場上看到越多強者，就會越覺得自己很弱，然後就會想要變得更強，我也是用這種方法激勵自己。當年創業後，我就開始崇拜根本是創業家傳奇的Apple創辦人賈伯斯，我經常翻閱的是ＺＡＲＡ總裁的自傳，而不是還在和台灣的同業比較，把自己的眼光放遠、放大。

所以，如果你是正在找工作的新鮮人，不要再擔心自己太年輕、沒經驗，你應該想辦法用能力、用創意、用你的工作態度為自己加分，讓年輕成為你的墊腳石，成為你在職場上的亮點！

## #職場上怕的不是老，是你都沒有變得更好

總之，年輕的時候，一定要好好利用年輕的優勢！例如：敢冒險、不怕苦、沒包袱、體力好、學東西快，而且可能還顏值高！（這當然也是優勢啊！）

不再年輕的時候呢？那你就要擁有年輕時沒有的優勢！例如：更有腦袋、有歷練、有手腕、有人脈、懂溝通，這樣保證你不再靠年輕或顏值，都一樣吃香啊！管你是要結婚、要生小孩、要生幾個，公司都希望：你還會回來就好。

所以懂了嗎？職場上，你該怕的不是老，是該怕，為什麼老了卻沒有比年輕時多會多少！

**職場辣雞湯**

因為年輕，就要利用年輕的優勢

不再年輕時，更應該有年輕時沒有的優勢！

# Part 2

## 初進職場，就要善用年輕的優勢

## 05

# 一天到晚換工作，是因為你不夠了解自己！

我經常自己看履歷，發現很多人都是幾年內就換了五至八個工作，每個工作做不到一年，甚至不超過六個月。我不禁想著，為什麼會這樣呢？是遇到不適合自己的工作，所以換來換去嗎？如果只是在探索自己，為了找到適合自己的產業、工作性質，當然無可厚非。但是我卻經常看到，很多人其實做的都是同樣的工作，只是不停轉換公司而已。

如果真的覺得這樣的工作性質不適合自己，不是應該換到其他的職務試試看，甚至是換到其他產業嗎？才能夠真正去「探索」到，可能適合自己特質的工作呀！還是有人真的就是一直遇到不好的公司或主管呢？但連續五到八次，長達三到六年，就這樣耗費了多年光陰，實在可惜啊！

## #換工作以前，要先認識自己

身為老闆，我知道公司訓練一位新人是需要很多成本的，也知道新人適應一家新公司有多需要時間，所以看到這些履歷，感到有點憂心，覺得好浪費青春啊！真心建議大家，「先了解自己再去找工作」，有時候不斷換工作、換老闆，其實是因為——你不夠認識自己！

打個比方吧！你以為自己是猴子，於是你就去爬樹，其實你是魚，你應該去游泳才對！你以為適合自己的公司或產業，可能根本就不對，只好不斷換公司，但根本沒有真正的解決問題，實在是蹉跎青春啊！雖然每個人都有自己的人生選擇，但看到這麼多人因為這樣，不斷在原地踏步，還是很想苦口婆心說點什麼。

## #了解自己，就是不斷問自己各種問題

要怎麼知道自己適合什麼樣的產業、什麼類型的工作呢？你一定要先了解

自己！你的人格特質是什麼？你對工作的需求是什麼？你的能力到哪裡？你喜歡尋求挑戰，還是渴望安逸？你想要安安穩穩，還是力求突破？然後考量現實可行性，千萬不能只想做簡單的事，卻又希望領高薪、有高發展性，一定要先搞清楚你到底要什麼？

誠實的回答自己，不要面試時千篇一律，說自己勇於接受挑戰，喜歡充滿變化的環境，事實上只有不到一〇%的人真能如此，不要再自己騙自己了！大部分的人還是追求安穩的。確認清楚自己的特質，誠實面對自己的需求，才可能找到適合的工作，不然你只是在浪費自己的人生啊。

## #甘於平凡沒有錯，比起眼高手低更勝一籌

我曾經用過一位助理，十五年前在南部的起薪是兩萬五，她看似胸無大志，其實她很清楚自己要什麼。她自認不聰明，只能做簡單的事，所以她只求安安穩穩的領固定薪水就好，我認為她在「了解自己」這一點是非常聰明的。

她不是自甘平凡，而是知道自己真的很平凡，所以主管想幫她加薪，請她

做更難的事，她都說不要，因為她知道自己會搞砸，她不想毀了這份安穩。但如果是勞力性的加班，她完全接受！她覺得偶爾可以多領一點加班費，不無小補也很好。她總是把分內的工作穩穩的做好，她說她的極限也只能這樣。我非常欣賞她，因為她很清楚的掌握自己，比起眼高手低、好高鶩遠，卻能力不夠的人，她絕對更勝一籌。

但是，很多人卻是怎麼樣的呢？認為自己的能力有十分，但實際能力只有五分，然後在需要八分能力的工作上，表現得起起伏伏，一輩子都看不清自己。如果你的能力只有五分，那就先去做五分的事，提升到六分再升級，一路踏實的奮鬥上去！不要一直以為自己有十分啊！這是很多人會犯的毛病。那位助理或許平凡，但她總是樂觀正面，情緒穩定，做事踏實，她只拿自己能力可以拿的，光這點很多人就做不到。

## #選擇適合自己性格與需求的工作，是在掌控自己的人生

我還用過一位總機，她也是類似的論調，她不想加班，不喜歡複雜、有難

度、有壓力的工作。做總機只要轉接電話，六點一定可以準時下班去接小孩，雖然薪水也很固定，不太會有調漲的空間，但她覺得這樣就夠了。我覺得她們都相當聰明，知道自己的需求，也找到適合自己需求的職位，而且完全接受該職位的待遇，因為她們很清楚那就是自己的選擇，她們其實掌控著自己的人生。

很多人不願意做總機或行政助理的工作，覺得職位低、薪水低、被取代性高、不被重視，也質疑未來的發展性。明明自己的能力十分普通，卻不願意腳踏實地學起，不想做所謂的小事、雜事，一直覺得工作不適合自己，抱怨自己不該在那裡，幻想不屬於自己的舞台，這樣真的沒有比較好，這樣的人也很少是快樂的。

## #決定你能做什麼的，是你的能力

希望大家記住這句話：「決定你能做什麼的，是你的能力。」如果你一直找不到想要的工作，無法晉升想要的位子，是因為你的能力還不足，而不是因為你缺乏運氣，問題絕對不在別人身上。所以別再說自己是在「追逐夢想」了，你可能只是在「挑工作」而已！誠實面對自己好嗎？

## #年輕人在職場受困嗎？你可以多注意什麼

再來講一個現實的問題，為何很多公司根本不用三十歲以下的年輕人，因為年輕人常常對自己的認識不足，而且可能對「職場」還沒有概念。曾經有一位新人剛來公司不到一週，表現都還沒上軌道，正在被檢討，他卻突然向主管要求：「請問我可以調到其他部門嗎？我比較想做那邊的工作耶。」這樣的舉動讓主管非常傻眼。

這個職缺是你自己選的，你主動應徵進來的，沒有人逼迫你。才剛來不到一週，還在熟悉公司運作，手上的事情都還沒做好，就開始想要挑工作？你以為你做不好這個工作，就能做得好另一個嗎？公司又不是遊樂園，這個不好玩，就改玩別的。

所以，可能有很多公司是不喜歡任用年輕人的，因為真的會花比較多時間成本在教育許多職場上非常基本的事情。我身處於電商與時尚產業，我們公司經常大膽啟用年輕人，甚至是錄取毫無工作經驗、剛畢業的新鮮人，但很多公司並不願意花這樣的成本，把一個人從零教起。

公司請員工一定都希望你可以長期付出，畢竟訓練和教育都是成本和心力，誰會喜歡三心二意，甚至剛教會就要離開的員工呢？如果可以，我建議真的要先花點時間了解自己，再去選擇「可能會比較適合自己」的工作。

你也是一天到晚換工作的人嗎？想清楚你是在追逐夢想，還是只是在挑工作？要不要對自己誠實一點，先搞清楚自己到底要什麼呢？

**職場辣雞湯**

比起眼高手低，我寧願你安分踏實。

職場不是遊樂園，你是在追逐夢想，還是在挑工作？

# 06 用擅長的事賺錢，再花錢做喜歡的事

很多人投入職場之後，才發現自己好像不太適合這個產業或這個職務，尤其是新鮮人的第一份工作，常常不確定是自己還沒上手，或者真的是不擅長、入錯行，應該再撐一下？

我認為，應該把時間花在「擅長」的領域，而不是在「吃虧」的地方下苦功。你擅長的事情，其實是很容易進步的，但在不擅長的領域多花十年工，或許你會進步一點點，但很可能真的只有「進步一點點」，而且永遠都不會非常出色！

到底如何分辨自己是否擅長？千萬記得，所謂的「擅長」，只需要被「點醒」，而不需要不斷的「砍掉重練」。擅長是指你其實有點天分，只要打通任督二脈，你可能會突然開竅，而不斷苦練卻還是一直做不好的事情，就可能不是你擅長的領域。所以我建議大家，努力尋找自己擅長的領域，因為那才是屬於你的舞台，進步速度會很快，也會超有成就感！

## #選擇比努力更重要，要先選擇在對的地方努力！

不要以為什麼事情只要努力，就一定可以達成。努力當然可以改變一些事情，但並不足以讓你超越那些「先天擅長，同時也很努力」的人。

比方說，客服部門的工作非常需要溝通能力，不擅長溝通的人，雖然經過磨練和經驗，確實可以加強或改善，但你往往會發現，只要情況稍微有些改變，或者發生突發的狀況，他就不知道怎麼應對。但職場瞬息萬變，怎麼可能每次的情境都一模一樣呢？而擅長溝通的人，只要有公司給的大原則，他很快可以接招應變。

我也曾看過朋友，明明不擅長溝通、協調，卻硬是逼自己去當業務，每天都好痛苦好痛苦，可是他覺得自己是在「脫離舒適圈」、「被磨練」。在多年的努力後，雖然真的讓自己敢跟陌生人開口拉生意，被拒絕也不再覺得非常丟臉與沮喪，可是這對那些有天分、適合當業務的人來說，根本是選擇這個行業的基本功而已！

由於他一直沒有辦法表現出色，讓自己的業務量穩定，最後他還是放棄了業務性質工作，回去坐辦公室了。我想說的是，如果你並不擅長溝通、與人對話，何必把自己丟在不適合的領域，讓自己吃那麼多的苦，卻仍然做不好事情呢？如果那幾年，是在對的領域裡打拚，得到的結果會不會完全不同呢？

## #想要出色，重要的是「特質」不是「態度」

我們在大學選科系以前，會先做性向測驗，看自己適合哪一種領域，找工作也一樣啊！要先分析自己適合什麼，也要了解想在某個產業達到出色，需要哪些特質？例如：

時尚、服裝、設計：天分、美感、流行敏銳度

公關、行銷、客服：溝通能力、洞悉力、同理心

網路、電商、社群媒體：市場靈敏度、思考靈活、生活感

財務、會計：數據分析、穩定、細膩

缺乏產業或職位需要的「先天特質」，那就一定不會出色！

也許你會說，可是我做事負責、配合度高、細心謹慎、耐操任勞啊！雖然這些也是個人特質，但比較像是你的「工作態度」，擁有這些態度，去任何產業當然都是很加分的，但它並不是產業所需要的「特質」。請分清楚，特質和態度是兩回事喔。

如果你從事時尚業，但是缺乏流行敏銳度、沒有創意，雖然你很負責、很細心，不會出什麼大包，但就是很難變得出色，因為最關鍵的特質你沒有！所以大家找工作前，一定要先了解自己，你究竟有沒有那個產業需要的關鍵特質？如果有，再加上付出時間努力，就很有機會在該產業成為出色的人。如果沒有需要的特質，表示那個產業不太適合你，投入前應該三思。

我知道你可能還想掙扎一下，想問流行敏銳度、創意、美感，能不能靠練習磨練出來？當然可以，只是很慢很慢而已！人家花一年就得心應手，你可能要熬個五年，不然就是感覺才開始懂了一點皮毛，整個流行市場一轉變，你又開始抓不到了。人家是靠努力把原本的三分變成八分，你就算願意慢慢下苦功慢慢累積，還是只能把一變成三，要怎麼和別人比呢？

我不是要大家不去努力、直接放棄，而是想告訴大家，如果你明知自己缺乏天賦也不擅長，但就是堅持只做自己喜歡的事，這樣絕對不能說你有錯，只是要知道，你可能會為此付出很高的代價。例如工作一直都比別人努力，可是表現卻一直都很普通，所以很難加薪，也可能無法被主管肯定。同樣在職場打滾十年、十五年，看著別人一直升上去，心裡一定很不是滋味。我看過很多這樣的人，你是否能接受呢？

## #你是在「盡力」，還是在「強求」？

為什麼一直不希望大家浪費時間在不對的領域？因為如果你投入了擅長的領域，也盡力了，就算最後成果不如預期，也沒有遺憾了。但如果你不擅長卻硬要，弄得自己筋疲力盡，又達不成目的，最後很可能只是一肚子不甘心。這兩種心境是完全不同的，可能需要一些職場的經驗值，才能真的聽懂。

請記住，喜歡和擅長，真的是不一樣的。說實話，整天看漂亮衣服、看精品，哪個女生不喜歡？「喜歡」時尚產業，不代表你「擅長」。

## #分辨清楚：你是喜歡，還是擅長？

我認識不少公關公司的老闆，他們說每個進來的新人都說自己很憧憬這行，因為產品發表會都是最新的精品、可以近距離接觸明星、名流，經常還有燈紅酒綠的時尚晚宴，喜歡那些場合，不外乎就是熱鬧、時髦、受人羨慕，而且工作內容新鮮、好玩，不用整天坐辦公室，甚至還可以出國出差，時尚公關、活動企劃、品牌公關的頭銜聽起來又很厲害。

但你以為這就是公關業的全貌嗎？

公關公司的老闆告訴我，如果你不夠了解市場，沒有做足對品牌的功課，又缺乏溝通能力，就無法說服客戶接受公司的提案。如果缺乏處理流程與細節的能力，現場活動可能會規劃得一團糟。被客戶痛罵的時候，臉皮太薄可能會現場哭出來。有時候公司遇到重要提案，其實常常加班加到爆，為了趕一個案子，可能連續幾週都吃不下睡不好。這些時候，你只會覺得這行太操太苦，根本不是人待的啊。

所以，真的要靜下來想想，你是真的喜歡，還是擅長？我們這一行，實在看到非常多硬要待在自己不擅長領域的人，因為他們覺得：我這麼喜歡，怎麼可能不適合？甚至因為太過喜歡，所以不願正視自己的不擅長，他們覺得我願意學、願意努力，我可以的！結果，浪費一生在不對的產業打滾。

我覺得，一定要用擅長的事去賺錢，再花錢做你最喜歡的事！

如果你能這樣想，上面的故事可以這樣改寫：

「我喜歡時尚，但我不擅長用時尚來賺錢。待在時尚業，我永遠只能領兩萬八當小助理，就算努力到極限，可能只有三萬三，還是買不起新品發表會上的一個名牌包。

算了！我去做我擅長的財務好了，因為我從小數學就超好，什麼數字我總是一眼就能看出問題。進入銀行業打拚多年後升到部門經理，後來被私人企業挖角擔任財務經理，個人的特質加上後天的努力，幾年後當上這家企業的財務長。

我還是很喜歡時尚，用賺來的薪水與投資的報酬，開始買名牌包，甚至成為精品VIP，每次新品發表會我都是座上賓！看到站在旁邊的公關公司小妹妹，看到精品時眼睛都在發亮，我就想起當年的自己。」

這樣懂了嗎？用擅長的事去賺錢，再花錢做你最喜歡的事！

## #發現自己真正擅長的領域，然後做到極致出色

如何分辨你真的擅長某件事呢？

首先，你應該會發現自己好像不需要很賣力，就會獲得不錯的回饋，或者大部分情況下就是做得比別人好；當你再努力一點，那個回饋更明顯，有如順風而行，如魚得水。

其次，你會自然的不斷累積那個領域的訊息，你覺得稀鬆平常、隨口一說的事情，別人卻很驚訝你怎麼都知道！你覺得是理所當然，對別人卻是十分出眾，這也表示你走對路了！

還有，在該領域若遇到考驗或挑戰時，你不會避之唯恐不及，而是很想突破它、解決它，甚至會很興奮，而且解決之後覺得非常痛快！這也說明投入這個領

域，你會樂在其中。

相反的，如果你明明付出很多努力，工作卻老是出包，覺得自己已經設想周全了，結果還是漏東漏西、受到嫌棄，讓你非常懊惱，卻不知道問題出在哪裡……。很多該領域應該知道的訊息，你始終覺得自己追不上，也搞不懂為何別人都會知道？如果是這樣，要不要承認其實你真的不擅長，根本處於錯誤的領域中呢？

## #別急著努力，先停下來，抬頭望一望

這時候請先停下來，想想產業需要的特質和自己擁有的特質是否符合吧！

選錯產業，因為不擅長、不適合，所以做不好，再怎麼努力也沒用，領不到高薪，到頭來還會懷疑自我、失去自信，一生苦惱，何苦呢？

趁還來得及，趕快轉向正確的路徑，選擇適合自己的領域，雖然你未必百分之百喜歡，但你真的很擅長，只要努力就有機會出色，賺錢升遷變得容易，有成就感又過得開心，覺得努力是值得的，到時候再把錢拿去做喜歡的事情。

如果你和我一樣，喜歡的事剛好就是擅長的事，那你真是太幸運了！如果是

這樣，一定要更加努力，不要浪費自己的天賦，成為產業裡極致出色的人。當你擁有影響力之後，就能幫助更多同樣有天賦的人，想辦法讓他們變得出色！

職場辣雞湯——

一定要用擅長的事去賺錢，再花錢做你最喜歡的事！在吃虧的地方苦撐，不如在擅長的地方表現！

07

# 有能力、肯努力，還要選對產業、公司和老闆

你有沒有想過自己的年薪天花板是多少？你想要每年能賺多少錢？

很多人說，如果是一般產業，出社會後努力幾年，年薪如果能有五十到一百萬之間就很不錯了，如果年薪可以破百萬，當然最好囉。某些高科技產業或醫療業，進去的起薪就已經比別人高，但你可能還是想知道，要拿到高薪，除了有專業能力，自己也努力工作之外，還有什麼影響因素？

首先，職涯上的大抉擇，是有順序的。

如果想拿到高薪，請你照這個順序選擇：產業、公司、老闆。

## #產業、公司、老闆，決定你在職場上的未來

這三個大項，幾乎決定你一生可以賺到多少錢。注意我說的，這是有順序的。

一、**先選擇有發展性的產業、正在向上成長的產業**。

如果你選擇的是正在走下坡的黃昏產業，就算你個人的能力再優秀，也很難力抗大環境的萎縮。我常說：人是很渺小的，凡事不要逆風而行。所以，先替自己選一個前景看好的產業吧！

二、**替自己選對這個好產業裡的好公司**。

什麼叫做好公司，當然是各方面都有競爭力的企業。「優秀」不一定是指大公司，而是要判斷這家公司在產業中的發展性，你才會跟著扶搖直上。畢竟如果公司很爛，就算身處好的產業，你也不會有好的前途。

三、**最後才是選擇老闆**。

剛剛已經選出了好產業裡的好公司，接下來就是選出這些好公司裡面的好老闆。因為公司的老闆，才是真正決定你未來的人，如果你和老闆的理念不合，你的職涯也很難發展順利。還有一點，如果老闆是個沒有道德的人，你可能不會拿到你應得的待遇，他甚至會讓公司陷入重大危機。所以選老闆，除了選他的賺錢能力、管理能力，務必要注意他的人品。

產業、公司、老闆，三個都選對了，剩下的才是全力以赴。選錯的話，憑一個人的力量，往往再怎麼努力也是枉然。如果你選了走下坡的黃昏產業，又是個體質不好的公司，再加上昏庸無能的老闆，你可能一天有九個小時都待在地獄裡，是要拚什麼啦？所以如果在職場上發展不順利，先不要一直怨東怨西，先放大格局想想，你真的有在「對」的地方付出嗎？

大家千萬不要只看到「職位、職稱、工作內容」，卻無視於產業、公司、老闆的好壞，再來哀怨你的付出沒有辦法達到高報酬，就算換了工作，可能仍然還是處於劣勢的範圍裡，然後人生最精華的二、三十年就這樣過去，你自己要負最大的責任啊！

## #選對努力的地盤，找對努力的位置

不過，就算你上述三個條件都選好了、選對了，也不代表你只要進去就能飛黃騰達喔！進入了一家新的公司，你一定要知道「這家公司在這個產業裡的定位」，然後再找到「自己部門在公司裡的角色」以及「自己在部門裡的角色」。不要只有花時間在注意「我每天該完成什麼工作」，很容易就只是埋頭苦幹，而不知道自己的方向對不對。

當你還沒有找出定位、還沒有什麼想法以前，請先謙虛學習，不要太急躁。眼睛打開、耳朵打開，凡事多觀察，看你老闆是個怎麼樣的人、看你所處的部門風氣，看你周遭的前輩怎麼做，很多事情沒有標準答案，也很難用教的。

尤其是新鮮人，請一定要弄懂職場裡的邏輯以及辦公室裡的關係。無謂的努力很可能不會為你帶來薪水，只會讓你累死自己而已。先眼觀四面、耳聽八方，搞懂這家公司、老闆、部門、主管與自己的角色，確認定位了再去努力。

你可能會想，為什麼進了一家好公司，也遇到好老闆、好同事，自己也那麼努力了，還是沒有拿到想要的職位，也沒有賺到想賺的報酬呢？職場是不是一個怎麼努力也不會有回報的地方？

這是很多人的通病，心裡有一個很想要的職位、頭銜與薪水，但卻怎麼也拿不到，於是開始產生怨懟。但是職場上，不是你想做什麼就能做什麼，其實是「你的能力決定你能做什麼」。有些事情，即便你很有興趣，但怎麼樣就是做不好，公司也不可能放心交代給你，因為出包或失敗的後果是公司要承擔。

分享一個案例。

我有個朋友從小就立志要當上服裝設計師，但是這個夢一直沒有實現。職場浮沉十年，她時常感嘆自己懷才不遇。但實際上是什麼原因呢？其實是她缺乏服裝設計的能力、也缺乏洞悉市場的眼光，才拿不到那個位子，但她卻看不清自己，總是抱怨她待的公司不重用她，然後一再離職。

身邊的人不可能告訴她的實話是這些：「放棄這個夢吧！因為妳真的不適合。妳不懂得運用布料、也看不懂衣服版型、創意也跟不上市場，無論先天資質或後天努力，真的都不太可能當上設計師，要不要試試看其他的工作呢？」

當然，沒有人敢這樣告訴她，多年後，她的設計師夢還是沒有達成，但是身邊的朋友勸她轉行試試看，她都不願意。因為她覺得：「放棄的話就輸了，放棄的話就證明我這些年的方向都錯了，我想證明我可以，我沒有選錯路。」於是她還是一家公司換一家，也繼續抱怨著人生是多麼不公平。

人啊，都是不了解自己，所以沒有辦法面對現實。千萬記住，想進什麼公司、想坐什麼職位、想做什麼樣的事情，「能力」才是決定一切的關鍵，別再浪費時間，感嘆自己懷才不遇了。

我常常看到有些人懷抱熱情，也非常努力，但表現就是差強人意，始終無法交出亮眼成績，真的好想幫幫這樣的人啊！畢竟，不努力的人就算了，誰能拯救他的人生？但那些想努力、卻常常搞砸的人，掌握不到要訣，害自己苦得要命，何必這樣呢？

如果你也是如此，先回頭檢視一下，你有沒有選對產業？有沒有選對公司？有沒有跟對老闆？在錯誤的選擇上全力以赴，只是把力氣用錯地方。記住，不要把努力浪費在不值得的地方！

**職場辣雞湯**

不為錯誤的選擇全力以赴，要在正確的地方發光發熱
選對產業、公司和老闆，再靠努力和熱情扶搖直上！

# 08

# 不懂就開口問，不要隨便就說「好！」

大家知道，老闆交代事情之後，最怕聽到什麼嗎？

「我現在沒有空」？「我辦不到」？「我沒辦法」？

都不是，而是「好！」為什麼呢？

除非老闆的指示非常清楚簡單，你的能力也超級無敵好，才有辦法什麼方向與細節都不用確認，就有辦法做到。但是大部分的人，卻會很輕易的說出「好！」然後再交出不ＯＫ的東西，被老闆大改特改或直接退件。有沒有想過，你的「好！」為何如此輕率？

舉個例子，如果我的老闆請我幫公司跑腿去購買某項物品，除非已經是買過好幾次的東西，否則我不會輕易說「好！」我會想先知道他想要便宜能用的就好？

還是要品質好又耐操？還是要擺出來好看的頂級品牌？如果不先弄清楚，我就沒有方向，所以我會用最迅速的確認方式，了解老闆想要什麼，有效率的達成任務。而且，我會在過程中記下老闆的想法，下次不用問就大概知道他的考量是哪些。

但我發現，大部分的人都會不假思索的就說出「好！」有時候，甚至可能完整的指令都還沒交代完，對方就滿口答應說：「好，我知道了。」奇怪了，整件事情都還沒講清楚，你怎麼就說好呢？然後，交出來的成果零零落落。這時候如果我說這裡不行喔，這裡、那裡要修改，又來了，他可能又會繼續秒答：「好。」

仔細想想，你是不是經常這樣，嘴巴上的應允，都跑在你的思考前面？面對指令，習慣性就說好，其實你根本還沒想清楚，可能要怎麼做比較好。

我自己很習慣在交代事情時，多說一句「不懂的話要問」。但是大部分的人都不會問，因為他們老是覺得：「我沒有不懂啊，不就是照你說的這樣嗎？」通常越沒有經驗值的人，越容易出現這樣的狀況，因為沒做過，所以也不知道該問什麼。

我的建議是，如果是第一次被交辦任務，或許你還不知道該問什麼問題，但是當你做過之後，你一定要記得那些容易出錯的細節，下次承接任務時，就要提出疑問。

## #方向不對的話，就算做對事也沒用

很多時候，能夠把事做好，都來自於「你能問對問題」。從有些人的發問，你就知道他已經掌握了這件事情的核心，通常交出來的成品不太會有錯。反而什麼都不問，直接就說好的人，經常可能從方向上就是錯誤的，即便內容是對的，卻也不能用。

養成這個好的工作習慣：把細節確認清楚，再向前衝，不然請不要輕易的答應。這是一種自我負責的態度。

我有位雜誌主編朋友告訴我，每次到了編輯會議的時間就會發現，那些能力強的編輯，會花時間一再的確認撰稿方向，並討論主編這次是否有特別在意之處，以及有沒有絕不要觸碰的議題。他們花在討論方向、確認細節的時間較多，但是最後往往能提早交稿。就算有地方需要微調，還是能在真正的截稿時間之前做完修正。

而能力普通的編輯或剛進公司的新人，往往很少確認大方向與細節，而是花非常多的時間寫稿，然後拖到最後一刻再壓線交稿，但是內容可能從方向就錯了，有時候甚至整篇都要重新寫過。每次看到這種情況，她總是心想，最後一刻才交稿，難道你覺得交來之後不會需要修改嗎？到底哪來的自信？

簡單來說，有些人會花時間再三確認，以確保品質，並且留下修改的時間。但大多數人卻以為只要把東西做完，交出去以後就沒事了。想想自己，是哪一種人呢？

## #掌握大方向與小細節，你才能快狠準

那些可以快狠準的人，絕對不是因為他動作快，而是因為他先思考過，並再三確認，推敲過結果，有把握才出手。這也是我的工作習慣之一，因為我只想做對的事情、有產值的事情，我最討厭花時間做白費工夫的事了！審視一下，你有這樣的工作習慣嗎？

早些年，自己還年輕，還在創業初期的時候，我曾經因為員工一再交出不ＯＫ的東西給我，直接把他轟出辦公室。當時的心情是：為什麼一直把這麼爛的東西交給我，這就是你認為自己的價值嗎？為什麼不願意為自己交出的作品負責呢？

後來在職場上磨練多年，我看的人多了、遇的事也多了，脾氣也變好了。現在的我，在職場上已經不會動怒了，但我會默默放棄工作態度或工作習慣不優秀的人。

對自己交出的作品負責，而且是每一次。因為那上面都寫著你的名字，作品的程度就是你對自己的定義。

## #問問題不代表笨，而是代表有在思考

曾經有位主管和我分享，她當主管十多年，那些常常發問的人，往往也是最後做得最好的人。而那些完全不發問的人，交出來的東西往往問題一堆。有趣的是，卻有很多人問過我：一直問問題，難道主管不會覺得我很蠢、很煩嗎？

不覺得很妙嗎？主管與員工這兩邊，說的剛好是對方的答案。主管認為你該問，才能把事情做好，而員工卻往往覺得如果一直發問，主管一定會認為我很煩或很笨。

其實，會問問題的人，表示他有聽懂，而且正在思考，至於馬上就說好的

人，幾乎都是還沒聽懂，就急著應允。既然沒聽懂，自然也不知從何問起。

## #當你獲得任務的交辦，務必多確認細節

這是我們常會在職場上看到的狀況。

老闆對小英說：「妳明天聯絡廣告公司，跟他們確認下個月的活動細節。出席的名單出來了嗎？我們指定邀約的名人確定會出席嗎？現場的酒水交給誰處理？沒問題吧？」接著老闆又補了一句：「至於預算，妳暗示對方一下，這次費用有點高，效率卻有點慢，表達一下我有點不滿意。」

除非你是老闆的心腹，早就很有默契，不然如果老闆說了這麼多，小英只回了「好！」你是老闆的話，會不會懷疑小英到底有沒有聽懂？到底能不能做好後續？當老闆起了這樣的念頭，就很容易放大檢視你做不好的地方，因為誰叫你這麼敷衍呢？這顆地雷是你自己埋的啊。

那小英應該怎麼說呢？

先說這句開場白，「老闆，我想再確認一下。」然後針對老闆的問題一一

確認。

「我明天早上會打給廣告公司的小李確認所有能夠出席的名單。你需要的是所有名單對嗎？媒體名單、表演名單，還有名人列席名單，我全部都會請廣告公司準備好。」

「至於我們指定的名人，是上次你說的×××小姐與×××先生對嗎？我會特別確認有沒有邀到，如果沒有，也會請廣告公司提出建議的替代人選。」

「酒水的部分，上次的決議是另外再包給××公司處理，他們有配合的酒商會提供整個服務，目前進度到哪裡了，我會一併確認後再回報。」

「預算的部分，老闆你希望我直接向窗口反應，還是應該找他們這次的總負責人？你希望我們這邊是稍微表達不滿就好，還是應該讓他們知道這次這樣有點離譜？大概是希望表達到什麼樣的程度呢？」

這樣的小英，老闆才會覺得她有聽懂指令，而且更有辦事能力，跟只會說「好！」的小英，薪水絕對不會是在同一個等級啊！除非，你是跟在老闆身邊多年的老手，就算老闆說得這麼模糊，你都能很快參透一切，那是你跟老闆之間的默契，或許就可能不需要確認這麼多細節。

## ＃任務內容如果有預算又有人情，是最難的

涉及到跟錢有關的預算問題和人情世故的問題，難度通常比較高，如果你沒經驗，也不知道如何處理，請不要逞強。你可以說：「老闆，這部分我怕拿捏不好會得罪人，可以請你教我應該怎麼表達嗎？」

如果你真的不知道該問什麼，通常是能力不足，或者經驗值不足，至少請你重複一次老闆的話。萬一有錯，老闆還有機會當場幫你修正，避免你犯下愚蠢的錯誤。沒把握的話不要裝懂，老闆才有機會教你，或者他會知道這個要求超過你的能力，他應該自己出面。

教大家一個小技巧，如果被交代任務的當下，真的想不到要問什麼問題，至少把老闆的話重複一次：

「好，我明天聯絡廣告公司，跟他們確認下個月的活動細節。跟他們要出席的名單，然後確認我們指定邀約的名人是否會出席。再問清楚現場的酒水交給誰處理。再跟廣告公司說，這次費用有點高，效率卻有點慢，老闆你這邊有點不滿意。」

這個時候如果老闆覺得有問題，就會趕快修正你，例如：「不只是出席名

單，媒體名單、表演名單都要。表達不滿的話，你不要去跟窗口講，直接跟他們總負責人講。」至少有個機會，再把細節補滿。而這些細節，你就應該學起來，下次最好由你來發問。

總之，老闆交代工作，千萬別當句點王，問就對了！偏偏大部分的人都急著說「好」、「ＯＫ」，急著結束話題，然後逃離現場！現在開始，學會幫上老闆更多忙，你在老闆心中的價值就會不一樣！

## #問到容易不耐煩的主管，請直接給他選擇題

有人說，可是很多時候老闆說話都很簡短，點到為止，而且如果遇到時間寶貴或者很容易不耐煩的老闆，該怎麼發問呢？有時候問了都叫我自己想辦法，怎麼辦？的確，我知道有些老闆會說：「就先這樣，其他你自己去想辦法！」甚至也有你發問，他就動怒的老闆，覺得怎麼這種小事都要問？

先來分析老闆的不耐煩，可能有以下幾個原因。或許他真的很忙，也很不喜歡說明細節，認為員工應該自己去想辦法，這種老闆你當下最好別煩他。不妨在

接下任務後，去求助有經驗的前輩，或者老闆身邊的特助，然後再想辦法完成。如果老闆經常如此，辦公室裡面一定有人可以解！就看你懂不懂得去求助！

會說你連小事也要問的情況，也有可能是你問的問題真的太淺太廢，或者其實老闆已經教過你很多次，但你還是不長進，一直停留在聽不懂的程度，那他當然不耐煩。我也遇過喜歡跳級發問，不找自己主管、同事，為了想要表現，而喜歡故意問老闆很多問題的人，雖然是在刷存在感，但是問的問題如果太不重要，真的也會讓人想跟他說：「這些事，你應該先找你主管。」

所以不是不能問問題，而是你應該問「有水準的問題」，如果還沒辦法，那就先找人相助，先度過這次任務，從中獲取經驗，再繼續提升自己的程度。

## #提案給老闆，應該做到什麼程度？

以我自己的習慣，我會希望員工交提案給我前，自己先做足準備，也準備好我需要做決定的資料，盡量讓我可以快速的了解重點後，也能快速下決策，讓我不需要再問他一堆問題。如果我需要反問一堆問題、追一堆細節，就表示這個提案是不完整的。

忙碌的老闆最討厭的就是，當他好不容易有時間看你的提案，結果可能只是問最基本的：那你說的這個要花多少預算？你卻回答：「啊……我還沒確認這個。」連成本、預算都不知道，老闆根本不可能跟你繼續討論下去。但很多人都有這樣的毛病，每件事情有點皮毛了，就忍不住跑去跟老闆說，其實提案根本不完整，這樣真的只是在浪費彼此的時間啊。如果你常常這樣，老闆真的會對你很不耐煩。

如果你的提案很好，老闆應該可以直接回答你，他決定要怎麼做，甚至是照著你建議的方式去做，這也肯定了你的能力。但如果你一問三不知，那這個提案根本完全不及格。如果老闆能用很少的字數回答你，就是你的能力越強！例如：「好，就這樣做！」「好，都交給你！」而不是還要跟你說一堆細節、問一大堆問題，才是真正幫上老闆的忙。

## #申論題、是非題、選擇題，就是你的工作能力

「我應該怎麼做？」是申論題，能力不足的員工經常給老闆申論題，變成老

闆得替你想辦法，千萬別當這樣的職場伸手牌。

「可以這樣做嗎？」則為是非題，程度稍微好一點了，能夠提出內容，但是萬一老闆覺得不可以呢？你不就又得重來一次。

所以記得喔，請給老闆選擇題，讓他可以快速選答案。針對A方案、B方案、C方案分析各自的優缺點，並且提出你的建議。「我建議選擇A方案，因為……。」

別再傻傻的以為先交出提案再說，如果老闆提出問題，再去幫他找答案。很多人在職場上都是這樣瞎忙，卻以為這就叫做幫老闆的忙，而且還忙得很開心，真的不是啊！其實這樣做的你，只是在給老闆添麻煩。能讓老闆快速做決定，不用再瘋狂追問，才能真正幫上他的忙喔。

## #主動爭取表現的機會，展現不可取代性！

更厲害的員工，是只要清楚了解老闆的目的之後，就敢扛下責任：「好，這個案子都交給我！」因為，他充分理解老闆要什麼，而他的經驗值和能力也確實能做到，甚至他還能主動爭取其他事務，「老闆，另外那個部分要不要也趁這次一起更新，讓我這次也一起處理好嗎？」

這時候老闆心裡，一定會讚賞這個願意主動幫他解決問題的員工，因為大家都是盡量躲事情，但你竟然是主動攬事情。而當你真的做到你說的，他就更清楚你的能力，以後就會主動把重要事情放心交予你，甚至意識到應該給你更大的權限，當然薪水也很可能就一起調整了。

想在職場上發光，請把自己變成這樣的員工，讓老闆不能沒有你！

**職場辣雞湯**

問老闆該怎麼做，是申論題

問老闆能不能做，則是是非題

最出色的員工會幫老闆準備選擇題，還附上答案！

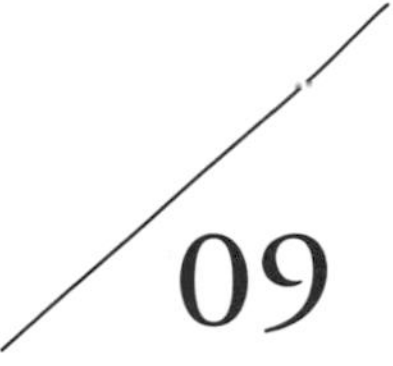

# 進入職場，就要用職場的邏輯思考和做事

很多新鮮人都會犯這樣的錯誤：出社會之後，心態還停留在學生思維，沒有轉換成職場模式，經常還是用在學校交作業，或參加社團活動的心態來做事。千萬不行喔，職場上絕對要把學生思維全部丟掉！

有一次我用了一位剛畢業的職場新鮮人，進公司兩個月後，我告訴她最重要的一段話是：「我在比妳年紀還小三歲的時候就創業了，大四畢業前我的員工將近三十人，而且大部分員工的年紀都比我大。我希望妳知道，職場裡並不存在年齡這件事，想辦法超越別人，不管妳幾歲。」

她萌萌的看著我，點點頭。

剛好最近也有個粉絲問我，她被公司升為部門主管，可她是年齡與資歷都最淺的，升到老鳥上面去，她感到有點惶恐。

我來說說我的故事。

小學四年級時，有一次學校舉辦一個寫生比賽，竟然是不分年級一起比，報名前我覺得很不公平，高年級的學長姐那麼厲害，我們中年級怎麼可能會贏呢？尤其六年級裡，有幾個學姐經常得到美術縣賽的名次，我都很崇拜她們啊！要跟她們一起比，感覺就是沒有得名希望啊。

雖然我內心有點沮喪，不過也覺得既然改變不了遊戲規則，就還是盡全力表現吧！最後，我竟然拿下全校第一名，連我自己都傻眼。上台領獎時，只有我是中年級，個子最矮，卻站在最前面，接下獎狀時我好開心，因為我從四年級的第一名，變成全校第一名耶！

從那個時候開始，我就知道，面對任何事，你根本就不用在意什麼年齡或資歷，想辦法盡全力表現就對了！

除了不要因為年輕感到害怕，職場思維和學生思維，最大的差別又有哪些不同呢？

## #記住這三點，立即轉換為職場模式

### 一、你花的時間

在學校，時間不用錢，只要有交作業、有去考試就會有分數。但是職場呢？不好意思，你花的每分每秒都是公司的成本，沒有人會給你那麼多時間。千萬不要以為什麼都可以慢工出細活，職場的邏輯可不是這樣的喔。

請記住，職場上的「效率」非常重要，不要以為你付出的「時間」，就等於你付出的「辛苦」，然後公司應該買單你的辛苦。公司買單的，是你做出來的結果，所以如果你很辛苦，但是事情做得不好，對公司是沒有產值的喔。

更千萬不要以為，你的付出跟成果一定會成正比。在職場上，同樣的工作、同樣的結果，花越多時間得到的人越弱，花越少時間得到的人越強。所以不要只想著有交出作業就好，而是要斤斤計較你花了多少時間，這是職場和學校最大的不同，請永遠追求效率！

## 二、人際關係

很多新鮮人常犯的錯誤是會「做事」，但不會「做人」。很多人剛進職場，滿腔熱血、野心勃勃，以為會做事就是最強的，不屑經營人際關係，因為在學校只要會考試就贏啦！人緣不好無所謂，反正你還是第一名，獎狀還是會頒給你。但是很抱歉，職場可不是把事情做好就行了，千萬不要忽略辦公室裡的人際關係，尤其是你和直屬上級的關係。

在學校，你可以不喜歡哪個同學，就不要跟他講話。你也可以討厭老師，私底下講他的壞話，就算老師也不喜歡你，反正只要你考試考得好，老師也不能不讓你過。在職場就不是這樣囉！職場上很多事情都需要團隊，甚至需要跨部門溝通，不是你一個人悶著頭幹就好，你再厲害，公司也不可能只靠你一個人，所以不要只「會做事」，也要「會做人」。

## 三、工作態度比你的專業能力更重要

真的不要覺得自己很強，就可以目中無人。先有好的態度，你才會讓人相信，你也可以做好事情。相反的，如果你能做對事，但你的態度就是很差，很多老闆還是不會用你，不管你多厲害。其實專業都可以學，但是一個人的工作態度卻很難改變。

## #職場沒有絕對的對錯，但是永遠有更好的解法

我知道能力強的人往往很有主見，但是不代表你每次的意見一定都是對的，你一定也會有犯錯的時候，如果你平常老是咄咄逼人，你犯錯時難道就喜歡有人這樣對你嗎？有主見、有想法，一樣要知道什麼時候再說，或者怎麼圓融的說，不要到處得罪人。

很多能力好的人，真的反而容易跟自己的老闆處不好，因為老是覺得自己的做法比較好，老闆卻都不聽他的意見。如果你覺得老闆的做法真的有問題，已經分析給他聽，老闆還是堅持要照他的方式執行，也不需要和他硬碰硬啊！先陪他一起撞牆，再陪他一起收拾爛攤子就好，可以偷偷告訴他：「老闆，你那麼忙，這些小事我們處理就好，不用勞煩你。」好好說話，事情就比較好解決嘛。

別忘了，老闆需要幫忙的地方，就是你存在的價值，事情擺平了，人際關係

也搞定了，不是一舉兩得嗎？別以為做人就是拍馬屁，更正確的說，會做人，只是為了要讓自己好做事。

**職場辣雞湯——**

**辦公室不是校園，市場也不是考卷**

**會做人，都是為了讓你好做事**

# Part 3

# 被錄用以後，還要有被重用的本事

# 10

# 事情不是有做就好，分清楚是「做完」還是「做好」

寫職場經，我很喜歡讓大家看到「老闆想的跟你不一樣」，老闆和員工其實時常站在不同的立場。老闆不滿員工表現、員工抱怨老闆不體恤，常常就是因為彼此的立場不同。

資方與勞方永遠都站在對立的兩端，想要的永遠都不會一樣，我不是要用資方的立場跟大家說教，相反的，我一直都想用擔任過資方的視角，告訴大家「資方想的是這樣」，幫助大家能夠早點突破重圍，搞定老闆這種「麻煩的生物」，而不是一輩子都花時間在跟資方對抗。

職場的確不是你一直付出，就一定會有回報的地方，重點在於你的付出，必須能夠做到「資方想要的結果」。

舉一個兩邊視角認知完全不同的案例。

有一位新進員工，進公司後先做了工作A，因為他態度積極，配合度也高，老闆決定讓他也試試看工作B，如果同時能把A與B都做好，他的產值就增加了，就能幫他升職加薪了。

不過同時他也因為自己的興趣，希望爭取去做非常喜歡的工作C，因為他以前一直想做，但總是苦無機會。公司覺得他很積極，於是都放手讓他嘗試，不過後來老闆卻發現，他原本的工作A常常粗心犯錯，時不時就會小出包，卻花了過多的時間去做工作C，可是並沒有表現得很好。

這時候，老闆提醒他工作A才是他的主力，請他先把本分顧好，才可以去碰別的部分，他也應允會調整，但就是沒有明顯的改善，還是出包不斷。至於工作B，他一直沒有花太多心思處理，也一直沒有什麼表現，老闆正在考慮收回這份工作，希望他能專注做原本的A。而工作C呢？其實他對此真的沒有天分，一直學不上手，不過他自己卻超有興趣、做得超開心。

老闆想的是，這個人可能還是只能做好原本的工作吧！B和C的嘗試其實都失敗了呀。以上是資方的視角。

## #視角不同，看到的就不同

如果切換到勞方視角又是如何呢？

「我本來穩穩做著分內的工作A，還去支援了工作B，也非常努力，這已經是我工作範圍以外的事囉！這時候薪資就應該調整了吧？而且我另外還去做了工作C，真的承擔了好多好多的事情啊，每天我都這麼辛苦，如此活躍且願意付出的我，應該可以加薪了吧？」

大家有看出資方視角和勞方視角的差異嗎？資方在乎的是：有沒有替公司帶來好的結果，勞方認定的是：我付出了很多。類似情況幾乎所有公司都會發生。

你覺得你很努力、工作態度也很好，甚至還非常積極。但老闆卻一直不認為你應該加薪或晉升，甚至還希望縮小你的工作範圍，回到原本的工作A，不願意讓你繼續表現，為什麼？因為老闆要的是工作替公司帶來的「結果與績效」，而不是你的「付出與努力」。如果你的努力沒有換來真正對公司有幫助的結果，那對公司終究是沒有實質效益的。

而且，如果連原本的工作A都沒有顧好，真的很難去談薪水啊。因為這是公司找你進來最主要的工作，無論怎麼樣都應該先顧好，才能去做別的。工作B，是公司想要看看你能否兼顧兩者，當然會是個升官加薪的跳板。至於工作C，是你自己覺得喜歡、做得開心，實際上公司並沒有得到效益，可能還花了很多時間教你。

老闆可能會覺得，明明給你很多機會表現，可是你最後卻什麼也沒做好，怎麼會毫無自覺呢？

## #你做得再「多」，都不如你做得很「好」

但你很可能不這麼想，不敢相信為什麼爭取加薪被拒絕、還被限制工作領域，明明這麼有企圖心的你卻得不到肯定，還被要求別再碰工作B和C了，你頓時覺得好受傷，為何老闆看不到你的努力？你覺得再積極、再配合都是枉然，公司太對不起你了，你的辛苦都白費了，於是你決定要離開。你心想，失去你之後，老闆才會知道像你這麼努力的人沒那麼好找，肯定會後悔的。

多少人都是這樣，離職時帶著憤恨，帶著不甘心。其實，兩邊的視角，看到的完全是不同的樣貌。

從以上的假設情境，大家理解了嗎？有時候很多事情，都不是你自以為的那樣。老闆重視的是「把事情做好」，而不只是「有做就好」。如果你做了很多事，可是常常出包，或做得馬馬虎虎，就不叫「做好」，頂多只能叫「做完」，沒被罵就很不錯了，怎麼可能加薪呢？如果你真的是個人才，正常的老闆不會不幫你加薪，更不會輕易讓你走的。

## #拋開自我感覺良好，學習做得又快又好

職場不是花時間交差就夠了，能「做完」是基本的，還要能夠「做好」，而能「做好」還不夠，還要「又快又好」才能叫做表現出色！所以千萬不要說著自己很辛苦、很努力，但卻做著公司不需要的事情，一定要隨時自我檢討，真的是公司要你這樣做嗎？還是你只是自我感覺良好而已呢？

別忘了，職場上的成就感都是日常累積而成，所以要把時間精力投入在對的事情上，也就是會為公司帶來實質效益，也會為你個人加分的事情上，不要一頭熱的狂衝，卻是衝往錯誤的方向啦！

否則，你只是沉浸在「自己很努力付出」的心態中，覺得自己時常加班，連休假都貢獻給工作，如果沒有得到老闆的肯定，很容易對公司產生怨恨的心理，長期下來會累積出負面的工作情緒，如果再加上缺乏工作效率，通常更不會有好的結果，對吧？最後你可能懷著怨懟離開，自艾自憐，但同樣的工作，公司換了一個員工來做，可能會發現根本就不需要加班啊！大家對照一下，就知道兩方的感受有多大的差異了。

如果你對工作不滿，時常抱怨老闆，請先想想自己做的是不是公司要的？如果你覺得自己已經做得很「好」了，不妨試著切換視角，練習站在老闆的角度觀察，你就有機會知道自己還有多少進步的空間，可以做得「又快又好」！

**職場辣雞湯**

老闆要的是「結果」，而不只是你的「努力」
不只把事情「做完」，還要「做好」，更要「又快又好」！

# 想拿高薪，就要有舉一反三的思考力

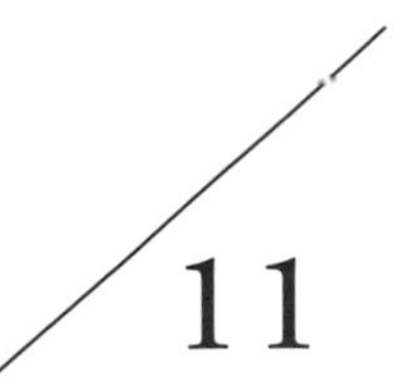

11

先出一個狀況題。

你剛進公司沒多久，第一次收到公文，你問主管該怎麼辦？主管說：「打去問發文單位，確認這張公文的意思，看我們要怎麼配合？」你照做了。下一次，你又收到同一個單位的公文，但是內容不同，你會怎麼做？

你會跑去找主管，問他該怎麼處理？還是直接打去發文單位詢問，然後回報主管：「主管，我收到公文，已經問過對方了，他們說要彙整各部門的資料，我是否就提供他們需要的資料，然後直接處理掉？」

知道兩者的差異嗎？如果你正被低薪纏身，請注意自己是不是有講一步做一步的問題，是不是只會把問題丟出來，卻從來不會先思考應該怎麼做？也從不提出建議，而是習慣等主管下指令？

如果你是菜鳥，這樣做或許沒有問題，但很多人是一輩子都這樣，無論三十五歲、四十歲或五十歲，不管在公司待了多久都是如此，從不思考，更何況舉一反三。

## #拒當職場伸手牌，學會老闆的邏輯

有些人是懶得想，有些人是不會想，有些人是習慣當伸手牌。還有些人認為，如果我主動處理，結果做錯了，還不是白弄，搞不好還被主管嫌，不如直接要答案比較安全。對！的確比較安全，可是加薪的永遠不是你，升官的永遠不是你，裁員卻很可能有你。這只是眼前看似安全，放大到一生的職涯來看卻很危險。

所謂的思考，不是只看「事情」本身。大部分人只看眼前處理的「這件事情」，而不理解背後的邏輯和目的，因此通常只能一次性完成任務。下次遇到不同的狀況，老闆又要再解釋一次，但明明這些事情的背後都是同樣的邏輯，多數人卻不會舉一反三。從老闆的視角看，就會覺得這個人實在有點駑鈍。

所謂的舉一反三，指的是你能否理解事情背後的邏輯，然後運用這個邏輯去應對其他事情。例如老闆交辦你處理一件事情，你發現老闆交代的過程和他要求的結果，存在某種邏輯，下次你就會用這個邏輯去處理其他事情，老闆也會發現明明沒有交代你，你卻理解他要什麼，這樣的人當然在職場上就會爬得比較快、比較高！

## #讓自己更有想法的日常練習

有人問，我就是只敢說一步做一步啊，要怎麼訓練自己「有想法」，並且確認自己想的是對的呢？跟大家分享幾個平常就能做到的練習。

### 一、**練習對任何人事物，說出你的想法，多淺都沒關係**

看完一部電影、認識一個新朋友、知道一個新聞事件，都盡量練習說出你的想法。剛開始你會發現自己能說的有限，才幾句話就辭窮了，這很正常，因為過去你已經習慣放空，不習慣表達想法。當你習慣不表達，也就不容易有想法，漸漸就養成不思考的習慣。習慣去表達、去聊天，你才會意識到，自己需要有更多的想法。

## 二、練習對不同的事物多一點觀察，然後形容出來

對一件事情要觀察更多的細節，例如你覺得某位韓星很帥，某部電影很好看，雖然只是很淺的觀察，但至少你找到了一個點，就有機會從膚淺變深入。

往下延伸，再動動腦，你為何覺得他很帥？是因為他的身材比例很好？他的髮型你很喜歡？還是他演的角色都很有魅力？或者，他讓你想起了誰？

為何你覺得某部電影好看？是因為節奏很快不會無聊，還是因為裡面很多笑點？或者讓你覺得緊張刺激？甚至是結局讓你出乎意料？能夠形容到這裡的話，現在你的想法已經變多了，對吧？

還有呢？因為看過那位韓星的報導，他私底下會做公益，而且為了演戲願意做很多犧牲，親力親為，讓你覺得他很善良、也很專業。這下子，你已經從「我也不知道」，變成「因為他很帥」，再進階到「他的內在」，不只是膚淺的形容，你已經進步了！

把這些日常生活中，對一個人或一件事物的觀察和形容，做做背景功課，然後把所有資訊串接起來的能力，練習得很熟悉後，再運用到職場上，你就會發現，你看待職場上的事情，不再那麼單點了。

**三、試著用你的看法去對照別人的看法**

這個別人可以是同事，也可以是電視名嘴，或是意見領袖，甚至是你喜歡的網紅。看他們怎麼評論同一件事情，然後比較自己思考的視角和立場，用這種方式，你會找到更多視角上的異同，找到更多你沒有思考到的面向，甚至是各種觀點的衝突和矛盾，多方對照一下，你會發現，原來這件事情可以有這麼多面向。

你每天都可以這樣練習，幾乎任何事情都適用，你思考的面向就會更廣，也會習慣用多方視角觀察，不再容易人云亦云。平常習慣對事情沒有想法，一旦到職場上，很容易因為「看不懂局」，以至於不能認清現實，無法做出對的判斷。也因為你只能講一步做一步，很難獨立作業，也不可能擔當重任，自然就很難往上爬。

## #從小就訓練孩子擁有獨立思考的能力

其實別說是職場了，沒有想法的人，連人際關係、社交都容易出問題，因為這種人經常是句點王，很難聊！不管問什麼都說不出所以然，久而久之人家也不想和你相處，缺你一咖有什麼差？所以不管是帶員工、教孩子，我都不喜歡直接給答案，而是引導他們思考，你給答案，他就喪失思考的機會。

例如帶孩子出門運動前，我會問她：

「嘿！我們要去運動，妳覺得要先做什麼？」

「那我要先換衣服！」

「有想好妳要做什麼運動嗎？」

「我想要……帶直排輪去公園！」

「不過，妳還記得我們上次遇到什麼問題嗎？」

「對耶！上次渴死了，要帶水！」

「今天太陽很大喔！妳覺得我們還漏掉什麼？」

「啊！要先擦防曬吧！」

「太聰明了，妳好棒！」

上述是一種引導，讓孩子學著思考。對待員工，我也很常這樣做。因為我希望大家能夠擁有獨立思考的能力，而不要只有聽命行事。

如果是不習慣讓孩子思考的父母，可能會這樣直接下指令：

「弟弟！我們要出門運動，你趕快去換衣服！」

「直排輪帶了沒？」

「水我已經拿了！」

「你又忘了擦防曬！」

「快快快！走了走了！」

如果只要小孩聽話就好，他就沒有機會思考，員工也一樣，他會覺得反正老闆說了算，我何必自己想？如果你從小就被父母和學校訓練得很死板，進入職場就會發現這樣很吃虧，腦袋不靈活，做事缺乏邏輯，對事情沒有看法。你一定要重新訓練自己，什麼時候開始都不嫌太晚，可怕的是就這樣過一生。

職場上，只要員工願意發想，我都會肯定，即使想錯了也沒關係，再調整就好！「周全」是需要學習的，這次漏掉，你才會知道重要！這次犯錯，你才會知道下次要避免！漸漸的，你就能掌握思考的完整性，就會減少錯誤率，而不是這次改正，下次又再犯同樣的毛病。

最後，有些人很想練習舉一反三，但又怕多做多錯怎麼辦？如果你的能力還不夠，先不要太過迷戀舉一反三這件事，先把眼前的事情做好，還不會跑之前不要想飛，那只會更把事情搞砸。

把眼睛打開，訓練自己的觀察力，再鍛鍊自己的思考力，每件事都逼自己產出一些想法，也請更廣泛的去認知這個世界，凡事不要只挑自己喜歡的去注意！照著做，你絕對會變強！

**職場辣雞湯——**

**獨立思考！不要習慣講一步做一步**

**做到老闆沒說你也懂，把自己練成舉一反三的人才！**

# 12 空想不等於夢想，讓你的能力配得上你的野心

在有關時尚的產業待久了，看過太多不切實際的人。說自己喜歡流行時尚，其實喜歡的只是虛華光鮮的表面，說自己願意努力，其實遇到一點考驗就撐不下去。

曾經有一位員工，她原本是辦公室助理，因為太羨慕採購部門的同事可以出國、出差，跑來告訴我，她想學採購或設計，但她並沒有相關經驗，也缺乏這方面的能力。我問她，為什麼想學？她始終說不出明確的原因，卻一直說著虛幻的想像。總之就是很想出國工作吧？覺得這樣很時尚！

我告訴她，「首先，妳缺乏這份工作需要的專業能力，公司不可能隨便派妳出去。如果妳真的想學，就要從基礎開始，妳願意嗎？先學會整理衣服吧！先跑

外拍現場、攝影棚，當拍照小助理，燙衣服、整理配件、測量衣服尺寸，從這些最基礎的事情開始學，妳可以嗎？」

她當下有點難過，沒想到不能直接出差，也不能出國，但畢竟是她主動爭取的，雖然心裡不願意，還是去了外拍現場當助理。不誇張！去拍照現場一天而已，忙碌的程度與體力上的耗費，一天的工作強度就已經喊著吃不消。

我後來告訴她，「那妳知不知道出差的時候常常要走一整天？熬夜、挨餓、扛重物更是家常便飯，有時候設計團隊待在工廠裡面修改版型，一改就是十個小時，大家都焦頭爛額，中間有時間能吃個外送便當就要偷笑了！這樣的工作，如果是每天，妳怎麼可能受得了呢？現在還覺得出國工作很時尚嗎？妳愛的只是時尚感，不是真的想投入在這個產業啊！」

## #請讓你的能力，配得上你的野心！

我看過很多人，想做的事情很多、目標很大，但就是做不到，或者不被主管認可，怎麼辦？或許你剛開始會很不服氣，但不要急，給自己一點時間，確認清楚真正阻礙你的是什麼？

我會說，通常都是因為「自身能力不足」，而不是別的。從認清自己能力不足這一刻開始，你就成長了！接著就下定決心提升自己的能力！偏偏多數人走不到這一關，於是一輩子都覺得是自己運氣不好，是老闆主管沒眼光，感嘆自己懷才不遇、怪經濟不景氣，十年就這樣過了。千萬不要這樣，什麼時候認清自己都不嫌晚，總比哀怨一輩子好啊！

千萬別當那種滿口夢想抱負，自認能力比誰都好，結果放棄得比誰都快的人。是你的能力，決定你能做什麼！不要怪別人不給你機會。如果你是一個不切實際又不想付出，卻想好處全拿的人，夢想幻想傻傻分不清楚，誰也救不了你啊！

有些東西很講天分的，不是努力就一定學得會。如果你就是很愛、很喜歡，但努力了也學不會，可是知道自己只要能在旁邊看就開心，那就安安分分做好分內的工作，不要眼高手低，一直想變成核心人物而患得患失。

如果你還不知道自己的方向，也不確定自己該做什麼，該怎麼做呢？找個穩定的公司，進去之後，主管需要你做什麼，你就專心做什麼，只要你肯努力，把眼前的事都做好，至少就安安穩穩了。

如果遇到不錯的老闆和主管，他會帶領你走向正確的道路，告訴你什麼方向適合你，你的執行能力有什麼問題，應該怎麼調整，你就一路跟著學、跟著做，能力和薪水就會跟著上去了。

## #沒有夢想沒關係，踏實做事也可以！

以前公司有位新助理，她沒有什麼夢想，只想領兩萬八，安安穩穩過生活就好。但她工作很細心，交代她的事都能如期完成，應對態度也很好。就這樣一路從上架助理變成客服人員，後來又變成客服的小主管，因為公司持續高速發展，她又變成客服的總主管，薪水來到七萬，年終有三個月。

其實她一直都沒有刻意想要做什麼，或不要做什麼，公司需要她做什麼，她就認真做好，被罵就調整，問清楚該怎麼做。就這樣一路往上爬，過了幾年，小助理變大主管，薪水翻了快三倍，更別說年終了。她是沒有夢想，但也沒有幻想，她真的只是一路踏實做事而已。

有多少人和她相反呢？夢想超級大，幻想更遙不可及，真的要他做事時卻挑三揀四，做不好也不檢討，被罵了又玻璃心，去哪裡都不順心，覺得茫然沒未來，離夢想好遠……。如果是這樣，我寧願你什麼都沒想，只要找個安穩的工作，專心把眼前的事情做好，都比那些築夢不踏實的人好過千萬倍。

我知道很多老闆都會鼓勵員工，要有夢想！要想辦法往上爬！話是沒錯，但每個人的能力是有極限的，也不是每個人都適合一直往上爬。能當上老闆的比例只有一％，能當上主管的可能只有二〇％，剩下的八〇％都是一般員工，如果你的個性適合，也有能力，當然要努力往上爬！但如果你的能力已經到了極限，就在適合你的位置力求安穩，這也沒有錯。

## #別被別人的價值觀制約，沒有夢想並不可恥

人生不是一定要追求漂亮的口號和說不出來的夢想，只想安安穩穩一點都不可恥！先做好眼前，才會有未來，這是我不斷強調的觀念。那位拿到七萬月薪的客服主管，一開始也不是想著高薪，那只是她這一路上專注把事情做好的附

加價值。

不要一直看著遠處的目標，卻不肯移動自己的腳步，那你永遠都到不了！你該做的是每天把眼前的一切做好、做對，可以的話持續自我升級，試著做得更好、更快。

如果你和那位嚮往出國的小助理一樣，給你一個忠告，要嘛就把自己喜歡的事情變成職業，要嘛就好好賺錢，再去做自己喜歡的事！不要把夢想和空想攪和在一起，有時候工作就只是工作！腳踏實地修練你的能力吧！

**職場辣雞湯**

**認清自己能力不足，就是你開始成長的起點**
**千萬別當滿口夢想，面對考驗卻一秒就放棄的人**

# 想要有選擇權，先證明自己的實力

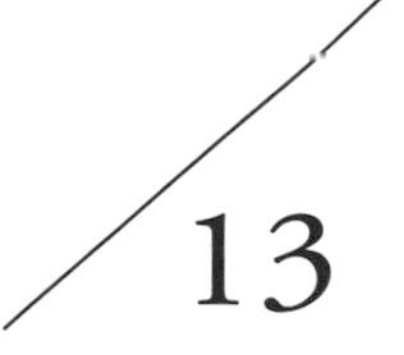

13

吃碗內，看碗外，是很多人在職場上會犯的毛病。

尤其很多新鮮人，可能還不知道自己想做什麼，或者做不到理想的工作，於是就出現「將就」的心態。眼前這個工作先勉強做做看，之後我就要如何如何。因為這不是你心中真正想做的事，所以你不會全力以赴，當然也就很難出色，一陣子就倦怠了，然後繼續茫然，不知道工作的動力在哪裡。

沒有掌握眼前，哪有未來可言呢？但我真的常看到這樣的人，眼前的事情不願意盡力，總是巴望著別人的工作，可是如果你不先把手上的事情做到出色，怎麼可能會有其他機會？

和大家分享一個故事。

A進公司後力求表現，工作很快就上手，他很想爭取更多樣性的任務，主管也看到他的付出和積極，於是派他去協助一項本來不在他工作範圍內的專案。他心想，應該只是公司缺人支援，所以臨時找我去擋一下吧？專案結束後，他也說不上有什麼特別的心得。

後來，A回到原本的工作崗位，總覺得自己沒有被主管注意，一直沒有大展身手的機會，每天做一樣的事，越來越煩躁。後來，主管又有類似的專案，卻沒有派他去支援，他更加覺得自己被公司冷落，心裡悶著一口氣，決定找主管一吐為快！

「主管，我明明很努力，為什麼一直讓我做同樣的事呢？」

主管：「你的職位本來就是處理這樣的業務啊，哪個部門不是做重複的事？」

「可是我希望可以做更多發揮呀！希望主管可以給我機會！」

主管：「上次不是派你去支援一個專案嗎？可是你整個感覺漫不經心，似乎不是把它當作自己的事，事後問你的心得，你也說不出什麼收穫，那個專案的經驗這麼寶貴，你竟然什麼都沒學到？那不就表示你跟沒經驗的人一樣，那這次公司為什麼非派你不可？」

看到這裡，大家應該懂了吧！說不定你身旁也有這種人，或者你可以想想自己是不是也遇過這樣的機會？當公司把新任務交給你，不僅是想考驗你的能力，也在觀察你的態度。如果你兩者都沒有，公司怎麼敢期待你會有什麼發揮？當然是把你丟回去做固定的事！不要小看「支援一下」，它可能是一個機會、一個跳板，就看你有沒有用心掌握。

## #證明自己，每個機會都要懂得掌握

邏輯思考力、執行力、效率、自我檢討的能力、謙遜、人際關係……等等，這些都是職場的基本功，你練會幾招？光想不做的人，通常就是缺乏執行力，千思萬想百里路，明天醒來走原路。一切都停留在空想，一步也不跨出去，光是想，光是聽，卻不做出任何改變。

如果你有野心，千萬不要待在原地，不要等待機會從天上掉下來，而是要把握眼前的每個小機會。我覺得機會是個很奇妙的東西，當它降臨時，經常看起來不太像是個機會，卻只等看得懂的人搶下它。於是人們往往會錯過機會，然後抱怨著為什麼沒有機會。

尤其在職場上，所謂的機會，可能立即要面臨的就是「工作變多、變忙了」、「要扛下責任」、「要被主管念」、「要承擔錯誤」……，人們通常會先看到這些「缺點」，而選擇迴避，但卻看不到這是「有機會證明自己比別人強」、「加薪的跳板」、「新經驗的累積」、「不同領域的挑戰」……等等。

由於看不遠，又想避免眼前的麻煩，以至於很容易就會錯過機會。

## #世上沒有什麼好事，是透過擺爛來實現

我常聽到一個說法，或者說一種迷思。有些人認為，如果把某項工作做得很出色，會不會被定型？擔心公司從此讓他一直做同樣的工作，可是因為自己期待著更多面向的工作，於是一旦眼前的工作，並不是自己真正想要的，就寧願做得普通一點，害怕被定型。

但從公司的視角，卻可能會以為這個員工連本分工作都做不好，怎麼可能派其他任務給他，或者要怎麼看出他的能力，將他調到更適合的部門？

很多人習慣這樣，吃著碗內看著碗外，以為是在保護自己，可是卻連讓人肯定你是個人才的機會都失去。想要有選擇權，就請先證明你的能力，而不是在本分工作上擺爛！

擺爛，只會招來壞事，不可能讓你美夢成真。這個世界上，沒有任何好事會透過擺爛實現，別傻了呀！千萬記得，公司雖然是老闆的，但人生是你自己的，你擺爛的都是自己的人生啊。

此外，也有人問我，職場上到底是「一心投入」比較好，還是「多才多藝」比較受人青睞？例如某個人剛進公司，短時間內就待過採購、行銷、設計、出貨等部門，而且也很快就學上手，甚至和專職的員工有一樣的工作表現，這是好事嗎？老闆究竟喜歡一人多用，還是喜歡把某個專職做到超厲害的人？

其實，不是老闆喜不喜歡的問題，而是這個人可不可以的問題。有的人是通才，也興趣廣泛，他在各個部門都能幫上一點忙，他很可能是公司的救火隊！有的人則是專才，適合專精深入，能夠更有深度的解決問題，成為該部門的擔當。每個人的性格和類型本來就不同，而不是去思考怎麼樣比較好。

只要是能夠幫上忙的人，老闆也會思考誰適合擺在哪裡，前提是你得讓老闆夠了解你，才能把你放在適當的戰略位置。大家不妨想想自己是哪一種人才？通才很好，專才也很好，沒有哪一個一定比較好。

擁有人生選擇權，確實很美好，但在那之前有太多基本功得先靠自己苦練，再高明的師父也幫不了你。記住，你的實力決定你能走多遠，你的內功決定你能撐多久！

**職場辣雞湯——**

**公司是別人的，但人生是你自己的**
**想握有人生選擇權，先證明自己有實力！**

# 公司不欠你，用能力證明你值得加薪

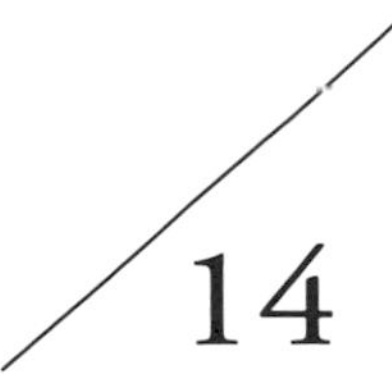
14

很多人好奇，老闆會不會不喜歡員工主動要求加薪？

這個問題因人而異，要看你面對的是什麼樣的老闆。我很希望我的員工主動提出，而且用能力證明他值得領這麼多。直接說出來，不要悶在心裡不開心，這樣對大家都好。

而且對老闆來說，如果員工可以把他手上的工作處理得又快又好，表示他勝任有餘，老闆就會知道「其實他還可以負責更重要的工作」，而願意把新的工作、重要的專案交給他。

站在老闆的立場，說說我遇過的真實案例吧！

A員工爭取加薪，因為他認為自己扛下了當初要他試試看的工作，希望我評估是否有加薪空間。我同意，並且告訴他目前做得很好的地方，以及可以再更好的部分。

B員工爭取加薪，理由是他進公司之後，試用期滿調過一次，後來一年半內都沒有再被調整過薪資。我拒絕，之所以沒有調整，是因為我認為他已經停止進步，而且分內工作又不時會出包，讓人放心不得，實在沒理由加薪。但我也做好他會心生不滿，甚至離職的心理準備。

看完這兩個例子，有沒有看懂老闆的思考點？如果你把分內工作做得很好，讓老闆一直很放心，老闆可能會很乾脆的幫你加薪。反之，如果平時的工作都讓人無法放心，老闆寧願承受你離職的損失，都不願意加薪留人。

## #什麼情況下，提出加薪的要求才合理？

我很贊成主動爭取加薪，但前提是你的付出「超過」原本談定的工作內容，或者你很明確的做出更好的品質，這樣的情況下爭取加薪，我覺得成功機率很高。但很多人爭取加薪，只是覺得「很久沒調薪水了」，那你是否也該想想，自己是不是很久沒什麼進步?分內的工作只是當成例行公事,交差了事?

我實在沒辦法欣賞事情明明做不好,又老是覺得公司欠他多少的工作心態。出來上班,沒有誰欠誰,想要什麼,都得靠自己去拚。無論老闆或員工,都是在想辦法為自己的人生奮鬥,真的沒有誰本來就欠誰。

很多時候,大家會有一個盲點,覺得「我做了很多事」、「我做的比別人多」,卻忘了去思考「你有沒有把事情做好」?只是把分內工作做完就想加薪,因為覺得自己在公司付出很多、年資夠長,這實在不是正確觀念呀!

很多人總是想賺更多錢、想當主管、想擁有更高的權力地位,卻連眼前的工作都做不好。「眼高手低」是很多人都會犯的毛病,想往上爬,其實沒有很難,把每件事做好做滿,讓人沒話說、沒得嫌,如果這樣老闆還不升你,那是他有問題!

如果你的成果就是普普通通,老闆也只能把你放著。為什麼不問問自己,你能不能先做到出類拔萃,讓人無法忽視呢?想被伯樂發掘的千里馬,不能只是站在路邊吃草,好歹先飛奔給伯樂看一下呀!什麼都不做,就等著升官發財,真的太難了。更不要動不動就說職業倦怠、不被重視、一直做一樣的事沒成長、好無聊……，別傻了，成長要靠自己努力，不是等別人整盤菜都炒好再端給你！

所以想向老闆提加薪，請先有一個觀念：做好分內的事＝目前薪水應該做到的事。如果你只是做分內的工作，不可能獲得加薪，因為那只是最基本的。那到底加薪的關鍵有哪些呢？

一、做超過你原本分內的工作，也許是主動爭取參與專案，也許是扛下額外的責任，並且交出漂亮的成績單，那薪水就該調整了。

二、把原本分內的工作做出更好的品質，替公司創造更多的價值。「質」的提升，也可能是加薪的關鍵，但許多人會忽視這一點。

## #把選擇擺在前面，不要變成自己不努力的藉口

很多人會問：如果我先付出了，卻沒有被加薪怎麼辦？我不是虧大了，還讓老闆賺到！你身在公司，應該知道這家公司的政策和老闆的想法，如果非常確定多做不一定會多領、做得再好也不會多領，那你為什麼還要待在這家公司？

我知道接下來又會有人說：因為慣老闆都一樣，去別的地方也不會有改變。通常會這樣想的人，大部分根本就沒試過用能力證明自己值得加薪。選公司、選老闆，本來就是自己的責任，公司不好、老闆不好，如果你還是硬要待，那就是你自己的問題了。

有人說，如果只想安安穩穩的領現在的薪水，做固定、熟悉的工作，不可以嗎？當然可以啊！那就請保持你的「穩定度」，因為穩定度是企業和老闆很重視的事情，千萬不要因為沒打算爭取加薪就越做越混。

雖然能力是決定薪水的首要關鍵，但老闆一定也會考量你的穩定度、積極度、配合度。如果你能力普通，又想獲得重視，那麼積極度、穩定度和配合度就不要輸人！多展現你在其他方面的工作態度，肯定還是有差的！

不過追求安穩的人，也要做好薪水可能不會調整，以及有一天新人會爬到你頭上的心理準備。只要清楚自己要的，以及可能面對的，願意承擔當然ＯＫ。認清自己的能力到哪裡，並不是一件容易的事，我欣賞挑戰極限的人，但我也欣賞知道自己很平凡、很普通，所以安分守己、甘於平凡的人，我覺得那是「聰明人」。

最怕就是自己求安穩，看到別人加薪升遷又忿忿不平，卻又不願意付出更多，那你到底想怎樣呢？不能好的全拿、壞的不要啊！人生都是自己決定的，想清楚自己到底要什麼吧。

這世界沒有人欠你什麼，想要什麼都要自己付出來換，越早了解這個道理的人，越少抱怨，越少糾結。

拿出不容老闆忽視的實力，證明你值得加薪吧！

**職場辣雞湯**

沒有誰欠誰，想加薪就先做到出類拔萃

選擇戰場再去付出，不要成為自己不努力的藉口

# 15 年資不等於薪資，能力才是加薪關鍵！

有些人會抱怨，新人的薪水憑什麼比我高？

先給大家一個觀念：年資不等於薪資，你花的時間也不等於薪資。大家不要被年資綁住了，你的薪水取決於「能力」，而非「年資」。不然公司裡有一堆老屁股，坐領高薪不做事，難道你就會開心嗎？那樣的公司，你才更不容易升遷呢！

看到新人的薪資和你一樣，甚至比你高，你要有危機意識啊！人家的能力是不是比你好？人家會的是不是不可取代的專業？再給他多一點時間，他馬上就會超越你，所以更要加油啊！先進公司不等於你的能力就比較好，新人本來就是來勢洶洶，如果你的公司有發展潛力，更容易吸引人才進來！長江後浪推前浪，前浪自己要向前衝嘛！

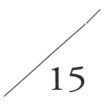

再突破一個盲點，除非你是時薪人員，否則最好不要有花時間就應該領薪水的觀念。不要覺得我花很多時間學習進修，老闆就應該給我加薪。需要學習，表示你還不會，公司花時間教你、栽培你，把你教會了、上手了，才會開始有產值，那是公司對員工的投資。

等你開始貢獻產值，公司才能慢慢回收成本，至於前面的學習時間，公司沒有任何好處，還得承擔你可能學不會的風險。所以不要認為學習很辛苦，花很多心力，學會了就應該加薪。別忘了，公司大可聘請已經會的人就好，何必栽培你呢？當你駕輕就熟，表現出色，挑戰下一個關卡時，才是加薪的起點啊！如果你變強了，工作的品質都超過公司期待的水準，這時候再爭取加薪也不遲。就算被拒絕，你已經練就一身武功，還怕沒地方跳槽嗎？

如果你確定能力各方面都已駕輕就熟，想要加薪的話，建議先去問主管這兩件事：

**一、請問主管，我現在的表現還可以嗎？是否還有需要改進的地方？**

先確認你是真的表現很好，還是自我感覺良好，才知道該怎麼調整。先問這句絕對有好無壞。如果主管也說你現在很穩定，表現不錯，那就接著問第二個問題。

**二、主管，我應該還可以幫公司做更多，是否還有其他事情可以讓我協助？**

基本上，只要你成功接下更多任務，或接下重要的專案，下一步通常就是加薪。因為你已經把分內的工作做好，還有餘力承擔更多，表示你的能力已超過目前的薪資，沒有理由不調薪。

薪水是這樣加的，重要性是這樣提升的。絕對不是眼前的沒做好，卻想著要去做別的，也不是「因為做很久了」，就應該加薪。

## #不要向這樣的中年人學習，不然你會變成他

這些觀念，勸大家年輕時就建立起來，不要讓驕傲自滿或藉口滿滿的壞習慣跟著你到中年，那真的很可怕！趁年輕趕快修正這種心態吧，一旦覺得自己很厲害，

就很難進步了。一直給自己找理由，也永遠不會變強的。如果是年輕人，或許我們還能說，沒關係！再磨練幾年，或許以後就會懂了。中年人還能用這個當藉口嗎？

許多中年人的藉口真的很多，大家或許也聽過，像是：「慣老闆這麼多，再努力也沒用，錢也不會比較多」、「再努力，也比不過馬屁精和皇親國戚」、「我是因為沒辦法，公司再爛也只好待下去」。找各種理由最簡單了，因為放棄努力向來是最容易的事，千萬不要讓自己變成滿嘴藉口、不思進取的中年人，然後動不動又喜歡說「年輕人懂什麼」！如果你身邊很多這樣的「前輩」，動不動跟你灌輸這樣的職場觀念，一定要敬而遠之，除非你也想變成這樣！

## #你的表現如何，不是看你自己「覺得」如何

曾有位讀者告訴我，年紀超過四十被裁員，中年失業感到很恐慌，他自覺資歷不差，長期表現也不錯，卻被裁員，工作找了半年都沒被錄取，問我是不是履歷或自傳需要修改？

我告訴他，不要活在「自我感覺良好」裡，公司會裁的都是表現普通、可有可無，或者能力不符薪水的人。如果你非常優秀，誰會想要放你走？所以不要自

我感覺良好，事實上可能是你真的沒那麼好。

至於工作找了半年都沒下文，我告訴他，如果你是很棒的人才，相關產業一定很快就網羅你，不會這麼久都沒著落。或許要檢視一下，市場是不是改變了？這個產業目前有什麼問題？自己開的薪水，在這樣的時空下，有沒有機會？

被裁員、求職碰壁都是職場給你的警訊，請先檢討自己，才有機會修正，才會有出路！在職者也一樣，平常要主動找主管溝通，確認自己的表現是否符合需求，積極修正才會真的安安穩穩。知道自己的不足並不可怕，因為你會戰戰兢兢，可怕的是你覺得自己很棒，但其實是錯估情勢。

我聽過一段話，覺得非常有道理，「可怕的不是自覺沒有知識，而是自覺掌握知識」。所以我很習慣不斷質疑自己，假設自己不懂，假設自己的想法是錯的，然後不斷驗證，直到沒有其他角度能證明我是錯的，我才會稍微放心，然後放膽去做。但很多人沒有這個習慣，他們比較喜歡告訴自己，「大概就是這樣了」、「應該不會有錯」，或許是這樣心裡會比較舒服吧？但是真正執行起來，成功機率可能是比較低的。

我選擇不要自我感覺良好，但是讓結果來告訴我，我很好！

## #我有野心當主管，不行嗎？

很多人以為，加薪的唯一方法是升官，於是都期待著可以當主管，可是卻沒有理解，當主管並不是「資深到一定程度就換我了」。我曾看過有些老鳥仗著自己資歷深，經常摸魚偷懶，卻一心想坐主管的位子，根本是老闆眼中的頭痛人物，這樣的人有可能升遷嗎？他卻認為自己最資深，最後主管的位子一定等著他。

主管這個角色，如果不夠優秀，你以為有人會服你嗎？要是真的坐上那個位置，恐怕會是場災難。有不少公司，都曾有過「換了一個新主管，就走掉一整個部門」的可怕經驗。當主管真的不是那麼容易，你需要讓別人願意信服你。

很多人都有類似的問題，一心想著自己要的，卻沒有注意到通往這個目標的道路，需要你親手打造。先求穩再求好，請讓你的能力配得上你的野心！當你準備好了，再把握機會積極爭取，不然只能一直抱怨做那麼多年都沒被升遷，待在公司沒有未來。

最後也和大家分享，加薪升官是好事，表示你的表現受到肯定，但也表示老闆對你會有更高的期待，而這就是壓力的開始。所以很多人會說，為什麼剛加完薪，老闆就變這麼兇？為什麼升職完壓力變這麼大？這都是正常的啦！因為老闆對你的期待不一樣了呀！

以前不會的事，現在不能不會了，以前可以被動等人喊，現在要自己主動出手了，以前犯錯可以說「沒想到」，現在沒想到就真的是你的錯了。因為你的薪水和位子提升了，應對能力、危機處理能力也應該提升。

換了位置，就換了腦袋？其實這是必須的。如果你換了位置，沒換腦袋，恐怕會是一場災難。

能力、責任、壓力，都會隨著職位、權力、薪水增加，本來就要有心理準備。所以不要羨慕那些「坐領高薪」的人，你以為他們爽爽的，但除非是含金湯匙出生，否則天底下沒有這種好事，他們絕對有你看不到的辛苦和壓力。

**職場辣雞湯——**

**你的薪水取決於「能力」而非「年資」**
**不要活在自我感覺良好的錯覺裡，要時時不斷檢討自己！**

# 16 想要不斷往上爬，先讓自己成為A級人才

大家都對高薪工作很有興趣，常問我到底要做什麼樣的工作，才可以拿到那麼高的薪資？還是一定要當老闆才能賺那麼多錢？其實，當老闆的人真的沒有那麼多，而且也沒有那麼好賺。創業成功的機率只有三%而已，九七%都是失敗的，當一個賺錢的老闆，其實並沒有那麼容易。

如果你不打算承擔創業的風險和壓力，先不要考慮當老闆了，應該想辦法在職場上，利用有限的時光，讓自己的薪水衝到最高。這也是我最想教大家的。

大家可以先思考一下，職場上最高薪的職位是哪些？基本上，大概就是執行長、策略長、營運長、財務長、行銷長、人資長，這些職稱裡面有「長字輩」的職位，差不多就是受薪階級的頂峰，雖然不同產業、不同公司的同一職稱，薪水

可能差很多，但我建議能力夠強的人，可以把目標放在這些位子。

職位高，當然責任與壓力也越大，如果覺得這些職位遙不可及，或者你也可以考慮總監、經理、副理，這類中階主管階層的位置。

如果你不想承擔管理責任，又希望領高薪，那麼你有兩種選擇：

第一是「極致專業型」，也就是你擁有某種不可或缺的專業，而且成為該領域的頂尖，例如工程師、設計師、財務分析師、醫師、會計師。

第二是「大人物特助型」，別小看這個工作，如果你跟到一位大人物，當他的特助或祕書，幫他打理大小事，只要做得好，你可是一人之下，萬人之上！我曾看過有位老董事長，他的特助在公司的地位與權限，等同副董事長。特助有很多類型，無論哪一種，通常做得好，確實是另一條升遷管道。

## #想要高薪，讓表現、健康、情緒都維持穩定

先搞清楚職場上的薪水金字塔，想當高薪人士，找對職位只是第一步，你還需要這三項：表現穩定、健康穩定、情緒穩定。

「表現的穩定」是指你的專業性、你的產值要穩定，不能讓人覺得你交出的品質經常有高低起伏，會讓人無法信賴。光是這一點就很難，因為許多人會找一堆理由，來合理化自己的產值不穩定。如果你想要高薪，一定要先弄明白，穩定只是一件最基本、不能找理由的事情。

以前的我是工作狂，出差前一定會準備止痛藥、感冒藥，因為每次生理期我都會痛到在床上打滾。知道自己的身體狀況，就會預先做好準備，讓自己的工作表現不會受到影響。當時公司的月營收都破億，每一趟出差，我要決定的大小事就會影響公司未來一個月的上億業績，每做一個決策就可能是破百萬、破千萬的合約，我不能讓自己在不穩定的狀態下做這些重要決定。我很努力的讓自己無論何時，能都做出穩定且正確的決策，否則牽一髮就動全身，這是一種敬業，更是一種專業。

接下來是「健康的穩定」，很多人不重視這一點，但其實身體健康是你最重要的資產，拿高薪的人都知道，沒有健康的身體一切免談！不管績效再好，如果你三天兩頭就請病假，一定不可能擔任重要職位。而且，很多重要事情的發生，真的不可能讓你挑時間。

萬一最重要的會議、最重要的簽約、最重要的活動，你就是剛好錯過，公司很難不在那個重要的時刻，換上別人替代你。所以非常多的外商公司，派任重要經理人以前，還得先拿到對方的健檢報告，確保這個人身體健康無虞呢！維持健康的穩定，真的也是高薪人士的基本功。

至於「情緒的穩定」，要請女性朋友特別注意！女生常犯的毛病就是情緒太豐富，容易因為家庭和情感因素而情緒波動。如果不想被認為比男性不專業，希望和男性同工同酬，就請務必保持情緒穩定！

分享我自己的經驗。有一次女兒得腸病毒住院，偏偏當天我要出國出差，而且前一晚才在新聞看到，有個五歲幼兒因為腸病毒突然死亡，家屬措手不及，我簡直嚇得半死！

我不是沒想過更改班機，但當時航班全滿也改不了，也思考到當時公司的狀況實在不允許我缺席這次的出差，否則接下來很多工作會開天窗，對公司的影響很大。幸好後來醫生診斷女兒的症狀很輕微，在醫院打完點滴就能回家了，所以我還是決定出差。

雖然女兒沒有生命危險，但想到她一個人待在醫院，我卻無法在身邊陪她，心裡就非常難受。在候機室時，我忍不住躲到廁所偷哭，然後跟她視訊、打氣。但只要一回來面對工作與隨行夥伴，我就表現得跟平常一樣，也沒有告訴當時身邊的任何人，因此整趟出差的行程，整個團隊沒有一個人發現我有異狀。

我當時的想法是，那是我的私事與情緒，我不能做對團隊沒有好處的事情，也不希望影響團隊的工作情緒，更何況，就算他們知道了又能怎樣呢？只能安慰你，替你感到擔心，除了讓大家跟我一起難受，真的沒有任何好處，所以我選擇不傾訴。

但在職場上，我卻經常看到很多的女性，只要一跟男朋友吵架，隔天就不太想上班了，不然就是明顯影響工作表現，情緒低落，大家都看得出來她狀況不好，很容易把自己的感情或家庭問題，帶到職場上來。而女性在職場上，也因為相較於男性而言，比較容易有此問題，而經常被歸類於「情緒容易不穩定」的對象，不容易坐上高薪的位置。如果可以，我們開始試著扭轉這樣對女性的刻板印象吧！

## #成為公司敢給的頂尖人才，永遠向上仰望

想要高薪，就去看看那些領高薪的人，他們到底都在做什麼？真的只是你表

面看到的那樣而已嗎？

如果你拿三萬五，就去看那些拿五、六萬的人，如果你拿八萬，就去看那些拿十幾萬的人，如果你拿十幾二十萬，就再看看某些頂尖企業的總經理，看看自己和他們差在哪裡？永遠向上仰望，不要停止進步。

以薪水與職場上的職位來劃分的話，人才可以分成以下幾種類型：

A類型人才，他們除了有自身的專業，通常自我要求也很高，可能有良好的領導能力與溝通能力，有些人甚至還有靈活的交際手腕與人脈。總經理、副總、行銷長等各種長字輩，通常就是此類，他們也往往是其他企業爭相挖角的對象。

B類型人才，可以舉一反三，確認指令要求，理解觀念和邏輯後，自己能主動規劃，並且超前部署。學習能力強，也有危機處理的能力，他們會不斷精進自己的專業能力與執行能力，常是團隊中的主管級人物，各部門經理、主任、組長都在此類。

C類型人才，能夠充分理解任務內容，並且做得到，能穩定完成主管交辦的工作，這是企業裡一股很穩定的力量，通常也是人數最多的存在。

D類型人才，比較容易出包，時常讓主管不放心，也因為這樣，薪資可能比較不穩定，也不太會被列入晉升或加薪的考慮名單。

除了ABCD四種，還有一種是S級人才，簡單來說，我都稱這樣的人是S級怪物，他們舉一反三的能力非常驚人，只要明白了其一，很短時間內可以把效益發揮到十！人生中能夠認識幾個S級怪物，都會覺得實在很珍貴。

當然，S級人才經常就在優秀的企業間跳來跳去，因為實在有太多問題需要搬出他們來解決了！有些企業的老闆本身就是S級怪物，如果是優秀的大企業，S級人才可能不只一個，很可能老闆、高階主管通通都是！因為他們要能同時驅動並管理ABCD甚至其他S級的員工。

當大家檢討為何企業不願意給高薪，其實可以從薪資結構的金字塔去探討。如果你是A或S，企業一定開高薪把你挖來挖去啊！如果是B、C，就要把握前面的章節，努力往上爬，快速適應職場的邏輯，拿到自己可以拿到的最高薪。

至於如果是D類型，就很難期待穩定。其實大家面臨的大環境與考驗都是一樣的，在辛苦的時代裡，還是一樣有人拿高薪。檢討大環境、把問題丟給別人永遠都比較容易，但真的不要期待政府和企業有義務給你超過實際能力的薪資。

總而言之，多點事業心吧！如果覺得目前的薪水不漂亮，試著把自己提升一級，把眼光放長遠，和比自己上面的等級學習，試著成為他們！永遠不要停止仰望，永遠不要停止成長。

## #高薪機會一直都在，等你去搶

大部分的企業也不是不願意給薪，而是苦無人才，就算想給，也沒有人可以拿，因為能力不足。有次餐會，聽到幾個大老闆說，想發展某個新興領域，要祭出高薪挖誰、挖哪個團隊，可是又覺得同樣的這些人一直被挖來挖去，難道都沒有更多同樣專業的人才嗎？討論了一番，大家都說找不到，只好繼續任用市場上已經做出成績的人。

實際上，真的沒有更多人才了嗎？我認為不是沒有，可是卻沒有機會被看到，可能被淹沒在各個企業裡面，還沒有出頭到「可以被別人看見的程度」，所以高薪的機會其實並不是不存在，而是你能不能、願不願意，出來搶下這些機會。

## #讓自己變強的最快方式，就是跟強者在一起

曾有個粉絲跟我說，她本來只是基層員工，後來被升為部門主管，發現同事對她的態度就變了，開始跟她保持距離。參加主管會議時，要面對這麼多管理階層，也覺得壓力很大，頓時她突然明白了什麼是「高處不勝寒」，開始懷疑自己是不是不該接下主管職。

我告訴她，這還只是高處不勝寒的「入門款」而已吧，怎麼就退縮了呢？想想妳現在拿的是主管職的薪資，站上的是更高的山頭啊。我送她一句：「我寧願在高處凍死，也不要在平地取暖。」她說她突然懂了，答應我一定會堅持下去。

追求高薪，其實就是像這樣，對職場上的考驗正面迎擊，不要逃避，多跟強者混在一起，是變強的最快方式！相信我，當你成為A級人才，共事的團隊也大多都是A級，甚至有機會認識S級怪物時，你才會發現這個世界真的很大，人才真的很多，而自己真的要更努力。

心越大、格局越大，你就會越感到自己的渺小，而變得越謙虛、越想學習。沒有人能一步登天，從每一天做好你分內的工作開始，然後不斷仰望，不斷督促

自己往上爬！明天就開始好嗎？

**職場辣雞湯**

**寧願在高處凍死，也不要在平地取暖**
**永遠向上仰望，爬上你想追求的金字塔**

# 17

# 不要違背人性，認識你的老闆是哪一款

做家長的人都知道，親子相處要了解孩子的天性，愛玩、愛吃糖、愛亂來，本來就是孩子的天性，硬碰硬只會造成親子衝突，讓你管孩子管得很痛苦。

同樣的邏輯，放在老闆身上也是一樣的，很多人愛抱怨老闆，什麼樣的老闆都有人嫌，問題就在於，我們為什麼要違背每個老闆的天性？上班一定會上得很痛苦啊！

什麼是老闆的天性呢？

大家先思考一下，能當上老闆的人有哪些人格特質？或者有哪些必備條件？那些就是老闆的天性。

## #分析你的老闆是哪一款？

有人說：「我老闆就是超愛省錢，什麼都要比價比到最便宜的，好煩！」

我會說：「對價格不敏感的人當不了老闆啦！就算開了公司，如果沒有成本的概念，應該沒多久就會倒了吧！『很會省錢』是當老闆超級棒的特質，要想想，你們公司可能就是靠這樣才能賺錢，然後發薪水給你的！你應該趕快接受這件事情，然後投老闆所好，想辦法幫他省錢，老闆絕對愛死你呀！」

有人說：「我老闆什麼都愛自己來，做什麼都干涉東干涉西！好討厭！」

我會說：「親力親為也是老闆很強大的特質，不愛做事的人當不了老闆啦！老闆愛做，就讓他做啊！如果親力親為是他的樂趣，你就在旁邊幫他鼓掌，稱讚他好棒。不然就好好當他的副手，協助老闆執行。有這種老闆要珍惜，比起只會出一張嘴但又不做事或做不好事的老闆，你要選哪一種？」

有人說：「我老闆根本就是假民主！每次都假裝開明，最後還不是他做決定！」

我會說：「既然你已經看清他的本質，跟他做一樣的事就好啦！和他共事的時候假裝很民主，但是最後都聽他的，以其人之道還治其人之身，就是破解大法啊！真的就是這麼簡單喔！」

簡單整理一下，成功的老闆或者有辦法當上老闆的人，他們的天性不外乎：

對價格敏感（你抱怨他愛省錢）
親力親為（你抱怨他愛干涉）
注重細節（你抱怨他很龜毛）
靈活變通（你抱怨他反反覆覆想怎樣）
工作狂（你抱怨現在都幾點了，還交代事情）
標準高（你抱怨他愛嫌東嫌西）
對市場感受力強（你抱怨他什麼都想做）
業務能力強（你抱怨他一張嘴胡瑞瑞）

以上很可能都是老闆成功的原因，也可能是你們公司強大的原因，偏偏也是他之所以討人厭的地方，事情本來就是一體兩面呀！老闆有他的好，也有他的壞嘛！不要違背老闆的天性！記得一件事，一定要「順風而行」，不要「逆勢而為」，順應老闆的天性去做事吧，那就是你們的企業風格啊。

## #要搞定老闆，你得清楚他的價值觀

分享職場經，就是想幫助大家搞定難搞的老闆，更懂資方的視角，用最短的時間獲得最多的薪資，得到你想要的！所以請大家先分析清楚，你的老闆是哪一款吧！然後找到專屬他的破解法，職場上真的會順利很多啊！

所謂分析老闆是哪一款，並不是只要說「我老闆就是很機車」、「我老闆就是很小氣」、「我老闆超愛罵人」，這些是沒意義的，你只是在抱怨他而已。

你該分析的是，你老闆是踏實的還是投機的？穩定的還是活躍的？注重實際的還是好大喜功的？行事傳統的還是與時俱進的？正經八百的還是幽默風趣的？注意細節的還是不拘小節的？

平常多觀察你的老闆：

他在工作上最在意什麼？

他最希望什麼？

他最痛恨什麼？

會讓他開心的是什麼？

會讓他信任的是什麼？

如果以上你都答得出來，恭喜你！你只要努力滿足老闆的期待，就能步步高升。但如果你都答不出來，很可惜，你的努力一定很容易偏離方向，總是被罵得莫名其妙，因為你根本不知道老闆的價值觀，怎麼能做出符合老闆期待的成果呢？

## #別浪費時間跟老闆硬碰硬，他決定你在職場上的未來

你的老闆，不只決定你在職場上的未來，更決定你能賺多少錢。你一定要了解他、搞定他，才不會跟自己的未來過不去。講白一點，不要跟自己的錢過不去嘛！出來上班就是來賺錢的，不然是做心酸的嗎？

我曾經在餐廳聽到隔壁桌一位上班族女生的抱怨：「我真的恨死我主管了，每天我都在想，看有什麼事情可以打槍他！真的受不了他的嘴臉。」她對面的朋

友說：「妳那麼討厭他，幹嘛不離職？」她氣憤的說：「我幹嘛離職！那不是讓他爽到！我就是要留下來看他有多蠢！」接著他們整場飯局都在抱怨這位老闆有多糟糕。

我心想，這個女生還這麼年輕，明明就有大好年華，偏偏要浪費時間跟老闆鬥爭、對抗，讓自己每天過得這麼不快樂。而且她的老闆肯定不會不知道，於是她的薪水也不會高、前途也不會好，可能某一天就會起衝突而被開除。那麼，到底對自己的人生有什麼好處呢？

如果你很不喜歡你的老闆，速速離職吧！別浪費時間跟他對抗了！你浪費的是自己的人生，公司是他的，制度是他訂的，他不開心就能讓你走人，所以一定是你受傷比較慘重。所以何必呢？找個你認同的老闆，好好支持他，你的日子才會比較開心啊。

無論你覺得多不甘心，無論你是不是覺得「如果自己離職就輸了」，人生是很長的，真的不要花時間在對抗這種無聊的事，老闆是自己選擇的，你也可以開除他！替自己換個願意認同的老闆，讓自己日子好過點，好嗎？

## #相信我，投其所好，是為了你自己

投老闆所好，不是為了拍馬屁，而是為了讓自己好做事。和老闆硬碰硬，最後比較受傷的一定是你。試試看，切換為老闆的視角，如果你的團隊裡有一位員工很有能力，卻把強勢用在跟你對抗上，做事常常不合你的胃口，老是跟你唱反調，最後你會怎麼處理？是不是會覺得，我幹嘛花錢造成自己的麻煩？還是請他離開吧。

千萬不要會做事，卻不會做人啊！即便你能力再好，都很容易被放棄。知道嗎？會做人，也是職場實力的一種啊。

你的老闆有怎樣的行事作風與價值觀，要靠自己觀察，不是等老闆告訴你。記住，搞清楚老闆吃哪一套是自己的責任，自己去感受企業風格與團隊文化，趕緊補強跟上吧！

認清你的老闆，才有辦法做好他要的事情，他才會滿意你的表現，你才能賺更多的錢。我們千萬不要白花力氣，做一堆老闆不要的事情，累死人又沒回報，還要被罵得不著頭緒，何苦呢？先搞清楚你的老闆是哪一款，再投其所好，才能輕鬆搞定老闆這種麻煩的生物啊！

如果你現在還摸不清你的老闆是哪一款，請把上面那些問題記下來，開始想辦法找出答案。找答案的過程，就是很好的練習，萬一哪一天你換了老闆，下次也能很快得到答案。

這個邏輯不只適用「老闆」，而是適用任何人，你也可以把老闆改成客戶或長輩，爸媽也可以這樣分析自己的孩子。如果你不了解你的客戶，要怎麼服務他？你的業績根本不可能會好。如果你不了解你的孩子，要怎麼教育他？可能連每天相處都沒辦法，是不是？

不要違背一個人的性格，順風而行，不要逆勢而為。

**職場辣雞湯**

你最討厭老闆的缺點，可能就是他成功的原因

順應老闆的天性，投其所好，不要逆勢而為

# 18 老闆難溝通？其實你可以換個方式說話

有些人很害怕和老闆溝通，見到老闆就想躲，這種人為了避免跟老闆互動，通常不太會主動報告工作進度，他們會覺得：「等到老闆問了再回答，這樣不就好了？」這種想法大錯特錯！當老闆主動跑來問你，表示你已經讓他擔心了，他可能會覺得為什麼事情交代給你就沒有下文，還要等他主動追問？這也表示你已經失職了。

分享一個例子。

老闆交代小芬一個專案，小芬已經著手進行，雖然已經有很多的進度，但是還沒有具體的結果，她想等結果出來再一次向老闆報告，覺得這樣比較完整。不過這個案子的溝通過程中，真的很多細節要處理，過了一個禮拜還是沒有結論，小芬每天都持續且積極的處理中。

有天老闆突然想到，為什麼這個案子都沒有下文？於是開口詢問小芬。

小芬回答：「老闆，廠商那邊因為某個原因延誤了，所以還沒有動工，可能要下週二才會出貨，我會處理好的！」老闆心想，「所以她有在處理，那好吧，我就等下週二吧。」沒想到廠商又出狀況，又要延到週四出貨，小芬不想讓老闆擔心，打算等情況明朗，確定交貨了再告訴老闆。

到了週二，老闆看小芬沒有主動報告的意思，心想：「上次不是說週二嗎？說的都沒有做到，還裝沒事，一定要我一直追問嗎？好吧，再等妳一天！」隔天週三都快下班了，老闆終於受不了了，直接問小芬：「那個案子怎麼回事？妳這個禮拜在忙什麼？怎麼都沒下文呢？」

小芬急著喊冤：「老闆，我這個禮拜忙死了，都在追這個專案！我真的沒有偷懶，是因為廠商那邊一再延誤，才會至今都沒有出貨，我這兩個禮拜都很積極在處理啊。」老闆說：「唉，妳這樣讓我沒辦法放心，以後事情不敢交給妳了。」下班後小芬向朋友哭訴，「老闆很過分，我都盡心盡力成這樣了，他竟然這樣說我！我覺得辛苦一點都不值得。」

## #你其實很努力，可是為什麼老闆看不到？

你覺得自己明明很努力，老闆卻覺得你表現欠佳，為什麼？因為你沒有做到這一點：主動回報進度！讓老闆知道你都在幹嘛。

很多人都有這個毛病，什麼事情都要等到最後一刻，有了結果才要說，以為這樣可以一次讓老闆知道最終結論，卻忽略了老闆又不是你肚子裡的蛔蟲，他怎麼會知道整個過程中你遇到什麼問題？你又付出了多少的努力？如果是他重視的事情，他當然很想知道進度，你卻一再讓老闆在無法掌握情報的情況下焦慮，他自然會覺得事情交給你很沒安全感。

千萬記得，「主動」回報進度，不要等到最後才一次報告結果！不要怕麻煩，不要怕被老闆知道狀況，不要怕老闆覺得你囉唆，你該怕的是老闆不知道你付出了多少！

## #主動回報，永遠別等老闆先開口

讓我們把時間倒轉回去，再給小芬一次機會。

小芬接到老闆交代的案子，雖然過程中很多細節要處理，但她每天都發信、傳LINE向老闆報告：「老闆，今天廠商通知因某某原因會有點延誤，所以還沒有動工，預計要下週二才會出貨，我會繼續追蹤！以上報告。」

老闆收到訊息，會知道「原來現在進度是這樣，小芬一直有在處理，那我就等下週二吧。」後來廠商又出狀況，可能要延到週四出貨，小芬又再度向老闆報告進度，說明了延誤的原因。老闆知道狀況後，也沒有太過焦慮，只交代小芬要持續追蹤。

最後，週四成功交貨了，小芬回報最終結果，老闆說的是：「過程雖有延誤，但那是廠商問題，幸好妳一直不斷積極處理、追蹤、回報，讓我很放心。」老闆對小芬的評價，是不是完全不同？就差在你有沒有主動回報進度的習慣！

記住，不要讓工作進度沒消沒息，千萬別等老闆追，要自己主動告知！厲害的員工不會讓老闆擔心，主動告知進度才能減少老闆緊迫盯人。不要嫌麻煩，也不要覺得麻煩老闆。真的寧可多慮，也要不厭其煩！這是為了你自己，才不會被老闆誤解你都沒在做事！絕對不要等老闆追究，才急著解釋，這時候老闆對你的信任已經大幅降低，很多解釋他可能已經聽不進去。

無論如何，都請思考看看，主動說明與被質疑了才要解釋，你覺得哪一個給人的感覺比較好？除非老闆有明確告知：「等到確定結果，再一次報告就好。」但即便老闆這樣說，也只是僅此一次而已，不代表下一件事你就可以只報告結果，下次你還是要隨時更新進度，直到他說他只要知道結果就好。這才是良好的工作習慣，會讓老闆對你放心，而且會知道你做了什麼，知道你付出了多少努力。一定要學會，並且保持下去！

## #你要報告的不是問題，別把你的工作丟給老闆

不過千萬也要記得，你要報告的是工作「進度」，不是報告你遇到的「問題」。很多人遇到問題就找老闆，想要表示進度延誤是因為自己遇到問題，這是錯誤的習慣喔！只報告問題，卻沒有提出你會採取的處理方式，只會讓老闆覺得你什麼事情都處理不好，老是把問題丟給他。你應該在報告問題的同時，帶著你想到的解決方案，如果他不滿意你的方式，再請他做出指示。

很多人都習慣這樣報告：「老闆，今天廠商告訴我，這次的出貨要延誤一週……我們要接受嗎？」丟個問題出來就沒了。請意識到，這是把你遇到的問題直接丟給老闆，要老闆處理啊！

老闆可能會問你：「為什麼要延誤？不能再溝通嗎？」「是因為某某原因，所以真的要延誤。」「那這次先不合作，趕快找別家呢？」「可是找別家也是要一週……而且可能也會比較貴。」「那好吧，就等他們吧。」「好，謝謝老闆！」

以上是不是你也很習慣的對話？老闆問一句，你回一點，老闆再問一句，你又回一點。最後幾經討論就有答案了，你覺得你好像解決了問題，其實老闆想的是：「哎！怎麼問題這麼多，真讓人困擾。」

很多人甚至不知道市場行情，真的照老闆說的取消合作，再去找新廠商，花了一週找到之後，價格卻比較貴。老闆這時候責怪你：「怎麼花了一週卻找了個更貴的？」你心裡喊冤：「這不是老闆您當初自己下的決定嗎？」

我想這也是大家非常熟悉，不斷發生在職場裡的循環。一定要檢視自己，別陷在這樣的循環裡！

## #優秀的人通常會這樣做

如果你都把狀況釐清了，可以這麼說：「老闆，廠商告訴我出貨要延誤一週，我認為這家廠商有價格優勢，如果再找新廠商也要花上一週，而且價格可能就不是這麼好，所以我建議還是可以等待，以上是我的判斷。如果您覺得有問題請告訴我。」你不只說明進度，也提出建議，而且保留讓老闆決定的空間。

「目前進度、你的建議、尊重老闆」，三個好處，一次擁有！是不是很厲害？通常如果你能做到這樣，老闆八九不離十會回答你：「那就照你的方式處理吧！」內心默默讚許你處理得不錯，在老闆心中就加分了。

如果你第一次遇到這種狀況，或者你是沒有決定權的人，不太有把握的話，可以這樣說：「老闆，廠商告訴我要延誤一週出貨，因為我判斷找到新廠商大概也要一週，但我第一次遇到這種狀況，想確認一下是否應該等廠商？還是應該同步找新廠商？請再給我指示，我會盡快處理後續。」

這樣的說明，進可攻，退可守，也算安安穩穩。

最錯誤的方式，是完全不主動報告進度，非得等老闆開口才把問題丟出來，而且完全沒有提出解決方案，老闆還要問你一堆問題才能了解目前的狀況，甚至可能還一問三不知。最可怕的是你可能還擅自決定等廠商一週，都沒有先告知老闆，最後老闆等到抓狂，甚至懷疑你和廠商勾結，你又覺得跳到黃河洗不清，千萬不要把事情弄成這樣啊！

## #請示老闆，你需要不同的技巧

常有人問，如果事情很緊急，一直找不到老闆，只能自己先決定，應該如何是好？記住，你做完決定之後，一定要立刻回報老闆，告訴他因為時間急迫，你決定如何如何處理，如果需要修正，請他隨時指示。先通知他你要這樣做了，是為自己留後路！

如果老闆休假，你可以發信、傳LINE、發簡訊，用不打擾的方式告知。他要不要讀，是他的自由，但報告進度是你的責任。千萬不要覺得，老闆不會看到，所以你就不用告知，你的告知是在保護你自己啊！除非老闆規定休假不准傳任何東西給他，否則不要讓任何事情阻礙你！該做的就是要做，這是為了你自己的前途。

想想《穿著PRADA的惡魔》，小安得到驚人的內幕消息，想趕快讓老闆知道時，她是怎麼做的？老闆完全不理她，她拚了命也要向老闆報告，你也要拿出這種態度！老闆不理我，我就追追追，臉皮厚又怎麼樣？最後惡魔老闆還是稱讚她，肯定她的積極呀！

如果你遇到問題需要請示老闆，但被已讀不回呢？老闆通常很忙，他可能需要多一些思考時間，不能要求他秒回。也有可能是你的問題不恰當，無法幫助他做決策，最好多說一句，「老闆，我建議如何如何，你覺得可行的話再告訴我，我來處理。」簡單來說就是，我知道你很忙，請讓我幫你！盡量讓他只要決定Yes或No就好。

## #學會向上管理老闆，別讓他給你添麻煩

幫忙老闆，就是幫忙你自己，因為事情最後還是你要處理。千萬不要覺得「老闆看了都不回，我能怎樣？他覺得不重要，那就算了啊。」你先做到極致，

如果老闆還是不理你，至少最後他也怪不了你。如果是你都沒追他，出了問題老闆只要說：「你為什麼沒來追我？」你反而解釋不清。

再提醒你一次，要你做到這麼極致，是為了讓你保護自己，老闆就沒有理由在見笑轉生氣的時候，把氣出在你身上！才不會給你添麻煩，甚至他也沒辦法用這個理由叫你離開，因為你做足了你該做的。

也有人問，如果是工作上真的遇到困難，需要老闆出手相助，要怎麼說才不會讓老闆覺得自己缺乏能力、不敢接受挑戰？首先，你必須告訴老闆，你很努力的做了什麼？達成了什麼？但如果要達到更大的目標，你可能需要什麼樣的協助、資源或人力，這樣可能因此創造什麼樣的價值，希望他給你指示和建議。

記得用「正面」的說法來陳述，如果你是用「負面」的說法溝通，告訴老闆工作有難度，他很可能會告訴你，是你能力不足，希望你再挑戰。沒有一個老闆喜歡聽到員工說「辦不到」、「有困難」，所以不要只告訴他有多「難」，而是要告訴他，你想做到什麼，所以才需要幫忙。

最後，再教大家一招，如果你真的和老闆意見不合，該怎麼提出建言呢？記得，千萬不要來硬的，姿態一定要放軟，不要打壞關係，不要傻傻的說「可是」、「但是」，甚至打臉老闆的做法，讓他沒面子。

你可以換個方式問：「如果這樣做，會不會比較好呢？」「這樣是不是有機會解決問題呢？」「能不能讓我試試看呢？」就算不被採用，你也只是說「如果」、「會不會」嘛，沒有說一定啊！自己也有台階下。

不要傻傻的直來直往，一根腸子通到底，打槍老闆、被老闆討厭之後又說人生好難、老闆好煩，應該怪自己的溝通能力太差啊！永遠記得，用正面的方式和老闆溝通，絕對不會有錯！無論想說什麼，盡量讓老闆聽起來都是正面的事情，感受完全不一樣！這些都是向上溝通、向上管理的技巧，也是你在職場上必備的生存之道！

**職場辣雞湯**

**永遠主動回報進度，別等老闆主動追蹤！**

**用正面方式傳達問題，絕不把負面問題丟給老闆**

# 願意罵你的才是好老闆，卸下心防往上爬！

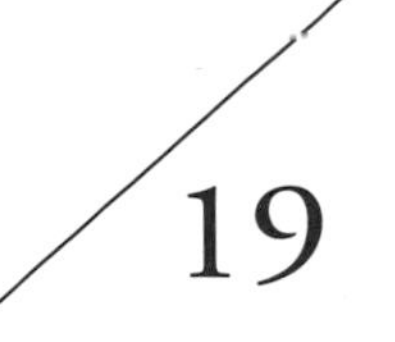


電影《穿著PRADA的惡魔》中，被罵的小安跑去找光頭總監訴苦，抱怨惡魔老闆太過分，整天只會嫌棄她，付出的都被糟蹋。光頭嘆了口氣告訴她，惡魔老闆只是在做她的工作，難道妳要她在妳頭上畫個星星嗎？這就是光頭總監和小安的差別，也是可以坐上總監那個位置的人和一般員工的差別。

你的工作心態，決定你能爬到什麼位置！

電影中的小安做沒多久的助理就面臨崩潰，但她後來改變了工作態度，就像換了一顆腦袋，漸漸變成工作俐落的一流人物。所以，別老是想依靠別人，當你替自己選擇了對的公司、對的老闆之後，接下來還是都靠你自己呀！進入高度競爭的環境，跟著強大的人學習，可能會逼迫你快速成長，也可能瞬間把你擊垮，就看你的心態怎麼面對。

如果老闆整天念你罵你，一定是他覺得你「可以不只如此」，不然他才不會花時間在你身上，大可直接請你走人，或者把你的工作交給別人，這樣他才省事呢！記住，念跟罵就是一種教！如果你根本沒救了，老闆才懶得理你，所以被念不要玻璃心，趕快振作起來，想辦法改善，讓自己變強才是唯一的辦法。

## #討厭被罵？那你要有不會做錯事的本事

我從小如果被罵都會不斷自責，先檢討自己，懊惱為什麼沒有做好？而且我真的很討厭這種懊惱的感覺，所以做事都會想盡辦法做到最好、最出色，並且絕對不讓自己犯下同樣的錯誤。養成這樣的做事習慣後，從求學到創業，就容易比別人出色，如果別人有五〇%的用心，我就要求自己要有一〇〇%的用心！

我知道自己討厭被罵、討厭被責怪，即便自己當了老闆以後，根本沒有人會罵我，但我還是討厭自己犯錯後的自責與懊惱，而且我會覺得給團隊添麻煩。也因為討厭這些感覺，所以我非常要求自己務必謹慎，不要犯錯，不要在沒有把握的情況下做決定。不知道是不是因為這樣的工作習慣，我的創業之路上，極少做出錯誤的判斷，也從來沒有讓公司虧損過。

要想想，這麼自我要求高的老闆，才能讓大家一起分享成功的美好，但這樣的老闆肯定對員工的要求也很高，加起來就是一家企業的高度競爭力啊。

所以我覺得，除非是太誇張的人身攻擊，如果只是工作上就事論事的責備、指示、碎念，真的不要浪費太多時間在那邊糾結：「老闆剛剛為什麼要念我？這件事有那麼嚴重嗎？」「主管是不是討厭我？他一定是故意的！」

你該想的是：都進入職場了，我們已經不是青少年了，別再糾結這種事，否則會永遠長不大！既然老闆說的是事情，那就趕快把事情做好吧！

電視劇《我們與惡的距離》中，賈靜雯有句台詞是：「我最討厭聽到人家跟我說對不起，有本事就不要犯錯啊！」被罵的人雖然很受傷，但仔細想想，這句話有說錯嗎？與其糾結於為何誠心道歉了還要被嫌棄，不如冷靜下來，回過頭問問自己，能不能不要再犯錯，而不是去抱怨指責你的人，因為這些主管也只是在做好自己的工作罷了。

## #遇到強人老闆，要卸下心防承認自己的不足

有些人學經歷不錯，過往的老闆也對他評價頗佳，但是換到一個能力更強的老闆身邊，卻是多做多錯，感覺相當沮喪。這時候，請先靜下心來，想清楚讓你自亂陣腳、失去自信的原因是什麼？

遇到強人老闆，你ㄍㄧㄥ著假裝自己很強是沒有用的，他絕對看得出來誰強誰弱，只是不見得會說出來。所以，在這樣的老闆面前真的不要偽裝，真誠以對、坦誠相待吧！老實承認這個我不懂、這個我沒看過、這個我不會，難道你以為老闆會嘲笑你太弱嗎？就算你不說，老闆也絕對知道你的程度到哪裡，還有他可以把你帶到什麼程度。如果你裝模作樣、虛張聲勢，又不懂裝懂，他要怎麼教？暫時丟掉那可笑的自尊，虛心請他教你、帶你，展現你願意學習的態度，才是面對強人老闆最好的方式。

我看過太多人，老是過不去自己的那一道「心防」，當你願意卸下這道防備，真正信任你的老闆，告訴他們其實這個你不會，但是你想學，通常對方反而願意毫無保留的教你。在老闆面前ㄍㄧㄥ，其實是在跟你自己過不去。

有時候遇到自尊心很強烈，從內到外都很ㄍㄧㄥ的員工，我通常都會等一下，等他們願意突破自己心裡的那道牆，把自己從牢籠中解放出來，真正接受自己，也才能真正接受別人的指教。事實上，很多人花上半年、一年，甚至一輩子都走不出來。

我曾經告訴那些經歷這個蛻變過程，已經走出來的員工說：「你知道你花了多久時間嗎？一年耶！如果早一年開始就能用這樣開放的心胸去學習，你知道你現在會多不一樣嗎？」他們都點頭如搗蒜，覺得自己真的太浪費時間，他們更會老實說，其實自己也不知道以前在怕什麼。

## #找到你的工作正能量，職場可以是快樂的

或許是對老闆的刻板印象，也或許是以前真的遇過不好的老闆，所以員工對於老闆或主管，真的很不容易卸下心防，這也是我們前面章節所說的，你一定要先尋找你願意跟隨、願意信任的老闆，再敞開心胸去付出，否則你將會永遠過著與老闆抗衡的職場人生。

我總是替已經蛻變的員工感到非常開心，因為只要走出心裡那道高牆，能夠完全信任公司、信任老闆、沒有隔閡，願意放開心胸學習的人，他進步的速度就會像用飛的一樣，一年抵別人很多年，就算再被老闆念、被老闆責怪，他竟然也不會痛，因為他知道他正在高速成長！通常到了這個階段的員工，我也會很用力的加薪，你敢表現，我就敢給，你願意克服，我也會支持你。也因為他們得到相對應、甚至是超乎預期的回饋，自己也會獲得很大的成就感和感動。

「原來工作是這麼爽的事情？」

「原來老闆說的工作正能量、找到自己的價值就是這樣的意思！」

他們突然明白了，對的職場是這樣一回事，是跟正能量、跟自我價值綁在一起的，原來上班可以是快樂的。

## #讓老闆成為你的人生加速器

看著員工的改變，我也會很感動，我真的希望改變一個是一個，雖然那仍然是少數。順帶一提，會ㄍㄧㄥ的員工，通常都是天資聰穎的人，就是因為這樣才愛面子。資質普通的人比較不知道要ㄍㄧㄥ，結果卻在更短時間裡學到更多，反而後來居上。天資聰穎的人，明明就贏在起跑點，卻輸在後天的愛面子、不願意求教，我覺得超不值得！

我會建議大家，先花時間選擇對的企業與老闆，然後就別再ㄍㄧㄥ了，因為你可能只是在跟你的薪水和職涯過不去。如果你追隨的老闆是個對的人，相信我，他不會害你的，因為他幫你，就是在幫他自己，趕快運用他的能量來提升自己，不懂、不會就虛心問到底，把他厲害的地方都盡量學走！讓他成為你人生的加速器，真的會少奮鬥很多年啊！

曾有員工跟我說，以前其實很少被念被嫌，怎麼換了公司發現自己好像變得很差勁？我告訴他，沒有被念被嫌當然或許是你做得很不錯，但是也不用高興得太早，也有可能是因為你待的地方沒什麼壓力，或者主管沒什麼在教，甚至他自己也很混，簡單來說就是「舒適圈」。

當你進入比較具有競爭力的公司，就像從普通班跳到前段班，你以前在普通班都考九十分，到了前段班可能只是低標而已，這裡的每個人都是九十分以上起跳，當然就會覺得自己變得沒那麼厲害，但其實你是跟一群更厲害的人在一起，提升速度會更快啊！

## #越被老闆電的，越可能是明日之星

所以，一時低潮怎麼辦？當然是調適心態，想辦法跟上這樣的隊伍啊！大家都在前進，沒人有空停下來等你，你要一路衝刺前進，辛苦是一定的，因為大家剛進來都是這樣，可能會覺得辛苦到受不了，但程度夠的人就能存活下來。等你終於追上去，就能和他們一起前進了。

我常說，那些被老闆叫去念的人都是明日之星，別以為老闆很閒愛罵你。很多時候，你在職場上的感覺都是不對的觀念，像是被罵等於被討厭、被討厭等於沒未來，其實剛好相反！職場上被忽視、被放棄、毫無存在感，才是真的沒未來。

我記得，曾經有記者問郭台銘：「誰是你的接班人？」他笑說：「一定是平常被我罵最兇的那個！」看到這個畫面時，我也會心一笑，因為這才是老闆的心態。願意罵你的老闆都是好老闆，如果你肯聽實話、肯改變，創造一個正向循環，你就會跟著他變強。相反的，如果你一被念就臭臉，就玻璃心碎，或者急著反駁，老闆也不想浪費時間栽培你，只好放生你了。

同樣的道理，也適用在閨蜜、朋友、伴侶之間，如果親密的好友指正你，你就臭臉，覺得自己被責怪，對你絕對不是好事。其實這只是心態問題，只要你轉個念，相信別人是在告訴你自己沒發現的缺點，你就提升了！是不是該感謝這個願意告訴你的人？願意告訴你、想要你改善問題的人，才是真正愛你的人。這個心態必須等你自己頓悟，別人強求不得。

所以，拜託把心打開，找一個你願意跟隨，而且全然信任的老闆，放開心胸去學習吧！千萬不要浪費了自己的時間和天賦。

**職場辣雞湯**

你的工作心態，決定你能爬到什麼位置

能被罵的都是明日之星，讓老闆成為你的加速器吧！

# 20

# 真正的人才不怕犯錯，只怕犯了錯卻什麼也沒學到

很多人說，他們在工作中常常想要突破，但同時又很害怕失敗，有時候眼看就要跨越內心的恐懼，卻在最後一刻又退縮了，就這樣來來回回、日復一日，很想衝破這層心理障礙，真的不知道該怎麼辦？

答案很簡單，不要害怕犯錯！錯了再改就好！你可能會覺得，這樣老闆會不會覺得你能力很差？認為你無法勝任工作？其實老闆可能心裡都知道，難道你覺得老闆看不出你的遲疑嗎？難道猶豫不決的態度，會讓他放心把工作交給你嗎？

哪個老闆自己不是一路犯錯、一路改過才有今天的？所以他肯定也走過你的過程，或許他正在看，面對這樣的關卡，你會怎麼做？你一定要勇敢跨過去！有辦法持續往上爬的人，是那些就算犯錯也想知道此題怎解的人。因為怕犯錯、東想

西想而動彈不得的人，注定只能留在原地啊！

除非你的老闆真的是白痴，不然有辦法坐上那個位置的人，你的缺點、盲點，他早就一眼看透，其實他只是在等你，看你什麼時候才要面對？看你什麼時候才願意改變？所以，真的沒有必要在老闆面前愛面子，更沒必要逞強、不懂裝懂。

人生每個階段都有不同的「心魔」，我有沒有自己的人生課題？當然也有，有時候也會覺得自己很脆弱，有時候也會質疑自己，可是我很不喜歡那個自己，所以我會逼自己突破，這就是我常說的「要對自己狠一點」。

## #成功的人，是因為他們敢對自己狠

沒錯，對自己狠一點，不要給自己那麼多舒適與退路，不要放任自己太過舒服，不要讓自己有理由解釋。勇敢的跟自己的膽小、怯懦、猶豫正面對決吧！還沒有跟自己對決過的人，可能很難理解這種心情，可是你知道嗎？等你對決完，脫胎換骨時，彷彿自己破繭而出的內心突破，你絕對會愛上這種感覺！

這時候再回過頭來看看別人，如果他們還在鬼打牆、脆弱不堪、玻璃心、怕東怕西，你就會想用過來人的身分扶他一把，因為你已經親身體驗過這整個過程了，真的就是鼓起勇氣、正面對決而已。

所以不要害怕犯錯，你做錯了，才知道自己這樣不行，或許這個時候老闆才有機會教你，你才能進步啊！因為老闆也是一路犯錯上來的，他看到勇於嘗試、不怕犯錯、被念不會玻璃心、改正速度又快的員工，他心中自然會知道，這是一個可造之才！就算你什麼都不做，默默的躲起來，你以為老闆不知道嗎？他只是想看你要擺爛到什麼地步？等他受不了的時候就會放棄你啊！

## #老闆老愛念你，是因為討厭你嗎？

大家思考看看，辦公室裡是不是經常出現這樣的案例。

A員工犯了錯，老闆一直念他，跟他說一堆觀念，要他自己想一想再改好交過來，沒弄好不要下班！B員工也犯了錯，老闆卻什麼也不說，只告訴他這裡改成這樣就好。看在其他員工眼裡，可能會以為老闆比較不喜歡A，比較疼愛B。其實根本就相反，愛之深才會責之切啊！

如果是老闆的視角看這件事，會一直念A，一定是因為希望他知道正確的觀念，想引導他思考下一次怎麼做會更好，這表示他是老闆心中有所期待的人，所以才想好好帶他，讓他明白整個邏輯。相反的，老闆很可能知道B應該聽不懂，多說無益，所以也懶得說，只想快速請他照指示交作業就好了。

要記得，老闆很忙，真的沒空理他不在乎的人！如果老闆總是對你多說幾句，你一定要明白老闆對你的心意。

## #犯錯後的三個大忌

如果你真的不小心犯錯，應該要怎麼應對？重點有三個：

### 一、不要不懂裝懂

不要犯錯後一直說：「其實這個我知道啊……這個我也知道……」這是多數人的習慣，硬要說其實不是自己不懂，但結果做出來就是錯了呀！你越想證明自己沒有不懂，有時候別人越是沒辦法教你，只好變成指責你。

想想看，如果你做的事情錯了，你卻老是想說：「我懂啊、我知道啊！」別人是不是只能回你：「那你告訴我，為什麼做出來還是錯了？」這樣的情況下，你絕對不會更好過，所以一旦做錯了，就不要裝懂，應該要說：「我知道了，原來是這樣，那我之後應該怎麼做比較好呢？」

## 二、不要急於解釋

不要一直說：「我是因為……才會……而且……」如果你老是用各種理由或藉口，想證明自己只是因為某些原因才做錯，以為是在解釋，其實別人聽起來都是找藉口，因為無論你是基於什麼考量，真的就是錯了。

你應該把你的解釋改成這樣：「我了解了，原來我考量的做法是不行的，那我下次如果改成……可以嗎？或者怎麼做會更好呢？」

## 三、不要推卸責任

不要一直說：「是因為某某某他們……所以才沒辦法啊！」遇到真的解決不了的問題，不要急著推卸責任，說出太多你無法控制的理由，甚至很多人經常都在檢討別的部門。

你可以說：「目前這樣的狀況，我覺得可以……，但我發現這樣會有一個問題，因為其他部門……，目前想不到這個部分可以怎麼克服，請老闆指示我應該怎麼做？」

簡單來說就是，既然犯錯了，就先坦承自己有疏失，然後虛心求教！這樣做，為的不是爭這一次的輸贏，而是為下次不再犯錯而努力。懂這門學問以後，這個山頭你就會過了，而且一生受用無窮。記得在你想學任何東西的時候都這樣想、這樣做！

能讓你快速成長的，不是老闆，而是你自己，尤其是那些自己在工作中犯的錯！這才是你的經驗值，沒有人能替你感受的部分，慢慢就會累積成你的實力。犯錯從來就不是一件壞事，而且是最快學會，也絕不會忘記的方式，怕犯錯的人，反而什麼也學不到。

讓犯錯成為你寶貴的、無可取代的實戰經驗吧！

**職場辣雞湯**

**不怕犯錯，有錯就改，才有機會不斷向上爬和錯誤正面對決，才能享受破繭而出的成就感！**

## 21

# 克服恐懼，職場和人生都要靠自己衝一把

看過《變形金剛》第一集嗎？男主角第一次遇到大黃蜂現身時，他跟女主角都很害怕，大黃蜂要他們上車，他們非常惶恐，猶豫著要不要上車。最後，他選擇上車，因為他不想錯過這一切。

身為電影控，我常用這個片段鼓勵員工。如果你在職場上遇到某個關卡，就想想男主角那個下定決心的瞬間、那股不想錯過的情緒！如果是你，你會選擇逃跑、錯過一切，還是勇敢上車、迎向未知的挑戰？

如果你對某個沒接觸過的專案很有興趣，但老闆卻指派給另一個同樣沒經驗的同事負責，你很羨慕他有機會從做中學，內心顧慮著該不該向老闆爭取機會？

那就去啊！沒什麼好顧慮的，去表達你的想法啊！大不了被拒絕而已，你有

什麼損失嗎？人生是你的，未來和前途也是你的，還要猶豫什麼？與其浪費時間在那邊內心小劇場，不如積極一點採取行動，只有你才能扭轉自己的人生啊。

## #你想要弱弱的退場，還是狠狠的表現？

有人說，遇到令人尊敬的主管，和主管工作時，卻常常表現失常，很怕主管覺得他很「弱」，於是越來越退縮，很討厭這樣的自己。

會害怕，也許是因為你第一次感受到這麼強烈的壓力，因為你尊敬這樣的主管，害怕自己表現不好，才變得越來越惶恐。但是，難道你寧願要一個很遜的主管，你知道自己比他還優秀，讓你每天自我感覺良好？你真的要因為怕被打擊、怕自己承受不住、怕讓主管失望，就錯過這個變強的機會嗎？

這就是一個門檻，跨過去，你就進入「強」的世界了！如果人生只有一次機會，你想要弱弱的退場，還是狠狠的表現？就算表現不好，被主管罵了再說吧！還沒參賽就退縮，你可是連表現的機會都沒有！

心臟本來就是練出來的，誰沒有上山下海過就可以自動變強？哪個厲害的人，不是從很弱的時候開始打拚？他們也是克服了許多沒遇過的困難，心臟才變得越來越大顆。如果你很幸運遇到強者主管，強到讓你佩服、崇拜，讓你願意追隨，拜託別浪費時間害怕！趕快睜大雙眼、打開腦袋用力學吧！

## #如果是你的夢幻企業，別讓恐懼綁住你

身為老闆，經常可以感受到別人的害怕。

剛創業時，我和員工的年齡都不超過三十歲，大家沒那麼怕我，因為年齡差不多，甚至有很多員工年紀比我大。但是當我超過三十五歲，這幾年我就可以感覺到，很多新進的員工很怕我，見到我就有莫名的恐懼和壓力，其實我可能從來都沒有跟他們講過話，但他們光是見到我，就顧著發抖和慌張，工作表現當然也失常。

即便不是自己的員工，而是其他公司的員工，同桌開會時也經常看到很多人相當懼怕，講話都結巴了，你知道他們大概很害怕。其實，他們根本還不了解我。老員工都知道我是一個隨性的水瓶座老闆，不太喜歡緊迫盯人，從不在公司生氣，也從不會罵人，對外開會也不會展現出犀利的姿態。他們真的是被自己內

心的恐懼給綁手綁腳了。

有些新進員工調適得很快，克服內心的恐懼後，就能正常和我共事。也有些人一直克服不了，輸給自己的害怕，還有些人是為了我而想進公司的，所以把我說的話加倍往心裡去，被念的時候就加倍受傷，我只是說「這樣不行喔」、「這個不對喔」，他就非常非常傷心。

大家都想進入夢寐以求的公司，都說想跟著內心崇拜的老闆學習，其實沒有想像中容易。你得先克服自己的恐懼，如果是步調很快的公司，甚至不會給你太多時間等你慢慢調適。

## #鼓起勇氣的辦法：十秒認清自己

當然我可以理解新進員工需要時間適應，但如果你老是失常，最終只是證明你沒有足夠的勇氣與能力待下來。我看過很多員工抱著熱情進來，我也期待他們能不能把這股熱情投入到工作。但是，很多人卻讓我失望了，因為他們最終還是克服不了恐懼，也克服不了患得患失的心情，最後只能黯然離開，我實在替他們覺得很可惜。

那到底該怎麼辦呢？分享給大家一個好方法。

每當我遇到害怕的情況，我都會先在心中默數十秒，冷靜下來，然後這樣告訴自己：「這是你一生難得的機會，錯過就不會再有了！你真的要這樣繼續懦弱下去嗎？還是乾脆拚一把？失敗就算了啊，至少你盡力了！絕對不要留下遺憾！」

這就是《變形金剛》裡的那個瞬間、那股情緒。為了沒有遺憾，我就會選擇勇敢面對！所以一旦遇到需要勇氣，做出什麼大抉擇的時候，試著把情境放大到「人生僅此一次，錯過就不再有」的程度，然後看看自己會有什麼改變？

如果你還是一樣害怕，如果你的內心還是湧出一堆「可是、但是」，那就算了吧！早點認清自己無法承受這樣的挑戰，其實也沒什麼不好。但你就得知道，是自己的選擇，不能怨天尤人喔。

## #如果跌倒了，不如看看地上有什麼可以撿

如果你能跨過這個檻，就算交出來的東西被嫌了，老闆也會看見你的嘗試、

知道你的能耐，然後推你一把。下次你交出來的東西被讚賞時，那股成就感就會讓你難忘。只是很多人還沒有體驗到這一步，沒受到肯定就想要逃走了。

遇到困難就先閃躲，這是保護自己最簡單的方式，然而一旦習慣逃避，你就會逃避一輩子喔。

我常說：不要害怕失敗，既然你都跌倒了，不如就看看地上有什麼可以撿的，然後再爬起來。

現在的打擊，如果能讓你明白一些事情，對未來的人生並不是壞事啊！有投入，才有傷心，總比對什麼都不痛不癢的人好。就像談戀愛一樣，我寧願狠狠愛過，狠狠受傷，也不要從未感受過。而且最後你會發現，沒有好不了的傷口。

誰不是一路犯錯，一路犯蠢，再一路突破的呢？怕犯錯、怕被罵，永遠別想學到任何事！糾結一堆無聊的蠢事，才是真的蠢！那些勇敢衝過去的人，早就不知道變強多少了，你還繼續在那邊糾結。在你什麼也不是以前，不要那麼愛面子，否則你永遠都不會有面子，而且還會失去裡子。

## #真話會讓你受傷，假話才會讓你傷更重

受挫，是為了變成更好的自己。如果你都不想接受挫折，永遠不會變得更好，這件事情說起來非常簡單，但不是每個人都能做到，畢竟大多數的人都不想失敗，都想要一帆風順。在職場上稱心如意，不代表你的能力很強，也可能是你一直待在舒適圈，只做自己做得來的事罷了。那些一直往上跳級的人，哪個剛開始不是先感到壓力重重、疲累不堪？

比起總是告訴我「你很好啊」、「我覺得這樣就很好了」，我更希望有人提醒我「其實你……」、「你雖然很好，可是……」，剛開始聽到也許會有點受傷，但越想越會覺得，還好有人願意告訴我，不然我還要自我感覺良好多久？等到有一天大家都看明白了，如果我自己還不知道，我才會傷更重。

受挫又怎樣呢？別急著放棄。灰心、失意都是成長的滋味。

無論職場或人生，不要害怕被看透，不要恐懼被指教，那都是我們反省思考的機會，更是提升自我的方式。

人生是一場真實的自我探索，不是虛假的自我偽裝，不要永遠困在把自己保

護得好好的舒適圈！

職場辣雞湯——

灰心、失意都是成長的滋味

人生只有一次，你想要弱弱的退場，還是狠狠的表現？

# 22

# 別再抱怨公司不合理，是你要去適應公司

超多人問過我：「我不想當聽話的乖乖牌，但公司希望我是，怎麼辦？」卻也有人說：「我就想安安穩穩，為什麼公司一直叫我們去挑戰？」

首先，公司是你自己選的，公司需要什麼，你就必須做什麼，是你要去適應公司，不要期待公司來適應你。

看到這裡，是不是覺得，這樣的言論真讓人聽不下去？先別急著生氣，靜下心來，聽我再說明一下。

## #認清選擇權，避免一生都受困

公司其實是自己選擇的，你應該要選擇適合你的性格、適合你的生涯規劃的公司。如果你想迎接挑戰，就不要選擇不太可能讓新人有所表現的老派公司，再去抱怨它這麼死板。如果你想安安穩穩，就不要跑去新創公司，再去抱怨它變化這麼快。

這樣是不是比較理解了呢？再強調一次：是你要去適應公司，不要期待公司來適應你。

不然，一家公司有那麼多員工，如果都是公司要適應員工，你要這樣、他要那樣，公司怎麼可能讓大家都滿意呢？所以不要抱怨公司不配合你，你可以選擇離開，去找你想要的公司，這才是對的心態。

我認為這樣的觀念越早建立越好，你就會知道應該把握有限的時間，去尋找自己能夠發光發熱的舞台，而不是期待有人替你量身訂做一個舞台。

有些人一輩子都沒有認清這件事，永遠都在抱怨，其實是自己浪費了最寶貴的選擇權。

## #沒有合不合理，只有你願不願意

有位ＩＧ粉絲提出她遇到的狀況，她說自己去應徵某家公司的職缺，進去之後才發現很多公司政策都很不合理，不管是人力安排或教育訓練，現有的規劃就是有問題，而且她覺得明明有辦法改善，熱心跑去向主管建議，主管卻說公司就是希望這樣，叫她不要管。

她滿肚子無奈，覺得這樣實在不應該，她相信很多新人錄取後一定跟她有一樣的感受，可是主管卻無心改善。如果是你，你會因為自己才剛進去就忍忍嗎？還是乾脆辭職，另謀出路呢？

很多人在職場上遇到自己覺得不對的事情，都很容易糾結在「這樣不合理啊！」然後跑來問我：「葳老闆，身為老闆妳會覺得合理嗎？」

我經常都回答：「只要不違法，其實沒有合理不合理，只有你願不願意。」違法的情事，我當然覺得都不正確，你都該去舉報。但如果沒有違法，而是純粹覺得不合理、不應該、讓人感受不好呢？

願意的人會繼續待，不願意的只好走人，這個世界只有供需，沒有合理不合理。如果你是員工，尤其是新進員工，合不合理不是你該想的，等到有一天你當了老闆或主管，有了權力可以修改政策時，再去定義你要的合理。現在你只需要知道，這家公司就是這樣，那你要不要待？其他的，說一句老實話，只要不違法，not your business！

## #熱情要用對地方，拿到權力才有資格說話

你可能會說，可是這樣制度會很亂、人員流動率會很高，但那都是公司的事，不是你該擔心的。搞不好公司現任的總經理都改變不了這一切，更何況你是剛進去的員工？要知道，一艘大船的沉淪，不是靠一顆小螺絲就能撼動的。

我知道你可能很有熱情，你可能真的很想做些什麼。你真的不希望變成那些對制度、對公平無感的行屍走肉。我們先把職場變成校園的一個班級試試看，如果你很想為班上做點什麼，你不應該只是一般同學，然後一直在台下抱怨。你有本事，就讓所有人都服你，當上班長，拿下權力，再去制定對班級好的規矩，不要只是出一張嘴，就希望有人幫你搞定。

所以不要再老是問：「這樣正常嗎？這樣合理嗎？」沒有什麼正常不正常、合理不合理，既然這家公司就是這樣，你無權干涉也無力解決，你只能選擇要不要繼續待下去。不斷糾結正常不正常、合理不合理要幹嘛？如果我回答你：「嗯，我覺得不正常也不合理。」然後呢？你就能改變一切嗎？

## #職場到底是什麼？你想過嗎？

所謂的職場，就是老闆想做某些事，達成他想要的某些目標，但是他自己做不完，或者只靠自己的手做不到，所以他付錢請人來做，也就是員工。大家組成的一家公司，你只要做到他想要的，就能拿到談好的報酬。如果你能做的比原本的多，或者品質和產值超過原本的預期，你就能拿到更多的報酬，就是這麼簡單。

所以不要帶那麼多情緒到職場，搞得一副誰都欠你的樣子。從頭到尾就沒有誰欠誰，老闆不欠你，你也不欠他，老闆盡老闆的責任，員工盡員工的職責，大家都拿出專業！這樣想是不是單純多了呢？

如果你和老闆有著師徒般的感情，或者你們有很深的友誼、革命情感等等，可以當作是僱傭關係之外多出來的情誼，當然很珍貴。但無論是誰，都不要用這層多出來的關係去凹對方，達到自己的目的，這也是我的工作原則。

就拿職場上可能發生的事件來說。

老闆可能會說：「我栽培你這麼久，你怎麼可以離職？」這句話就是一種情緒勒索，好像人家欠你多少。

你選擇栽培一個人，是你自己的決定，不該要對方幫你負責，員工受到你的栽培，也有貢獻給公司，那並不影響員工離職的權利。栽培多年的員工要離開，你可能很難過，他學會的一切要去貢獻給別人，但是既然他選擇離開，就表示他認為有地方能給他更好的，追求更好的人生，誰都沒有錯。

員工可能會說：「我為你付出這麼多，你怎麼可以開除我？」這也是情緒勒索，覺得老闆就應該負責你的一輩子，你想走都可以走，可是老闆卻不可以開除你？這也是一種不對的情緒。

大家都不要這樣情緒勒索對方嘛！職場沒有誰欠誰，大家在職場都是為了自己的人生在奮鬥啊！自然就會有自己的考量和選擇嘛！互相保持尊重，不要動不動就覺得「你應該為我做什麼」。

職場辣雞湯

別浪費時間糾結合不合理，只要問自己願不願意

職場也可以很單純，大家拿出專業，沒有誰欠誰

# 23 與其斤斤計較工時，不如計較你的付出會不會有收穫

因為疫情的關係，有些美國企業，例如推特，宣布只要工作性質允許，員工可以「永遠」在家上班，什麼時候回辦公室由員工自己決定。聽到這個消息，有人拍手叫好，也有些人說，這樣等於在家也要工作，公私很不分明，而且會讓在家的時間無法放鬆。你覺得呢？

其實，世界上很多工作成就出色的人，往往是在家也會工作的人。他未必真的在辦公，但他在家的時候，可能會找工作的相關資料，或者思考著某些工作上的決策。也就是說，他不會刻意定義公與私，他不會說：「只要離開公司，我就絕對不碰任何有關工作的東西！」

這樣是公私不分明嗎？我自己的話，每天早上起來，我通常會先把該回覆的公事訊息、email、該講的電話都先處理掉，再把當天的即時新聞都先瀏覽過，接著進公司開會或直播。通常進公司後，我會優先處理跟團隊合作的工作，讓團隊可以順利運作。

下班後回到家，可能還有很多我一個人要完成的事情，我會利用睡前時光處理，有時候假日也會思考公司的決策，去找相關書籍來看、抱著筆電做功課、甚至去見我需要請益的人，看起來好像是假日的充電與聚餐，其實這些也都跟工作息息相關。

這是我的生活習慣，看起來確實公私不會很分明，但其實我只是將工作很自然的融入生活。

我知道你會說，但你是自己當老闆，你有公司的股份，當然想的不一樣，怎麼能要求只是拿固定薪水的員工，也要這樣做呢？

## #事情的對錯，有時候不是那麼絕對

首先，我先強調一點。如果你是個時薪人員，那麼你做了幾個小時，你就應該拿幾個小時的薪水，絕對不能有付出，卻沒拿到薪水喔！但如果不是，就可以分辨看看，那些沒包含在你薪水裡的時間與付出，是不是一種投資？你可能可以換到什麼？值不值得你去做？

很多人常會抱怨，公司會在下班後或假日聯絡工作上的事情。很多人一聽就覺得這是錯的，不過我覺得這應該先看你負責什麼樣的職位？拿什麼樣的薪水？

如果你是主管的祕書或特助，這可能本來就是談定在工作內容裡的，如果你很不喜歡這樣的工作性質，就應該換工作。如果你是ＣＥＯ、行銷長、財務長、營運長、各個部門的大主管，能爬上這些位置的人，通常都很清楚，這本來就是高階管理職工作中的一部分。

又或者雖然你不是大主管，但是你跟公司一開始談定的就是這樣的工作形式，比方很多製片公司、媒體公司、公關公司，因為產業的關係，工時上會有特殊的模式，這時候你要考量的就是你拿的薪水與這樣的工作模式，你能不能接受。

但是，如果你明明就是計時人員，或者固定坐辦公室的行政助理，假日也要不斷在群組裡討論公事，又沒有薪水拿，那真的要請公司別鬧了。總之，很多事情都得附加其他的條件一起思考，不能片面判斷對或錯。

## #不是叫你真的不計較，而是去思考你要用什麼換什麼

我舉個我很佩服的例子。

我有個在日商大企業工作的朋友，他說，身為外國人很難受到日本主管的信任，公司裡大部分重要的位子都是日本人，他是公司裡少數被公司器重的台灣人。我問他：訣竅是什麼？

他說，進入這家日商後十幾年來，他首先花了非常多年苦學日文，要到非常流利且聽得懂俚語與玩笑、以及時下流行語的程度，要讓語言完全沒有隔閡，也沒有任何台灣腔，人家才會認同你是自己人，而不是一直把你當外國人。光是這一點，他就花了非常多額外的時間與學費去進修。

此外，因為日本文化的關係，下班後，通常要跟主管或同事一起去居酒屋交流，他也絕不找理由推託，充分把握可以跟每一個人混熟的機會，經常回到家都已經是深夜。因為知道自己的上司非常熱愛高爾夫，也經常利用打球談生意，假日時，他就努力去學高爾夫球，又花了不少學費。

某次主管隨意問他：「你會打球嗎？週日有個台灣的商業合作案，你是台灣

人，會打球的話，乾脆一起到球場來？」

他知道，他終於等到機會了！因為球技不錯、商業日文完全沒問題、還會說台語、更因非常了解主管的價值觀，在那次合作案上，幫上主管很大很大的忙，從此這位日本主管只要是重要的球場會議，都把他帶在身邊。

後來這位主管升遷成為更高階的主管，他也跟著升遷成為這位主管的特助，薪水也不是一般般了。我問他，不辛苦嗎？平日下班要應酬，假日又要打球？他說：「很辛苦，但這是我選的路，要是沒有這樣努力，我根本不會被看到。」

辦公室裡的大家，以為他是平步青雲，以為他是剛好會打球又會說台語，所以很幸運。其實他花了多少額外的工時、心力、學費去「投資自己」，才拿下這樣的機會？他可是布局布了好久啊！

如果當初的他，覺得日文還可以就好了，幹嘛多花那麼多學費跟時間，公司又沒補助！下班也不想花時間去應酬，覺得反正跟主管熟了也沒啥好事。還學什麼高爾夫球？光是球具跟學費，就快要比薪水高了，搞得假日都不能休息，而且也不確定哪一天用得上。如果他什麼也沒去做的話，他是沒有今天的啊。

機會是留給準備好的人，否則就算機會來了，你也會錯過的。

## #如果堅持公私分明，那就高標準要求自己

堅持公私分明的人，你也應該想想，自己在公司真的只做公事嗎？你完全不會接私人電話、回私人訊息嗎？你絕對不會看非工作的網頁，也不會和同事聊個八卦嗎？不可能嘛！所以這是什麼？這是「公私分明自助餐」啊！

蔣友柏曾說過：「在那邊斤斤計較工時的人，不要跟我說什麼想擺脫低薪。」搭上他不屑的臉，以及快速走掉的步伐。

當時剛好有加班文化的新聞議題，他這樣說，馬上被一堆人罵死，說他是不食人間煙火的權貴子弟。其實我覺得他是說話很實際的老闆，偏偏他每次都是話說了就走，不多做解釋，再加上他的家庭背景，很容易就被放大解釋。

我認為他的意思不是真的指，加班不要計較工時和加班費，而是指如果你都不願意付出，這個不做、那個不做，還沒有拿出成績，就要求這個、要求那個，他不認為這樣的人會出色，當然也不太可能拿到高薪。

他說的是更長遠的考量，不是那個片面的意思。如同剛剛說的日商朋友案例，先投資自己，你拿到的可能就不再是用工時換算的一般薪資。

# #沒好處的額外工作就不做？其實做了對你有好處！

如果你遇到主管要求你下班時間幫忙某件事情，而且沒有加班費，或者請你協助你認為不在自己工作範圍內的事情，你會不會答應？很多人馬上就會想，我是不是該開口問有沒有加班費？做了之後會加薪嗎？雖然沒有一定要拿，但總要先說清楚，做了之後有什麼好處吧？

我會覺得，先給主管一次機會，就一次！先不要問。無論是什麼任務，都不要擺出一副「沒好處我才不幹」的態度，如果是自己幫得上忙的範圍，可以先試著接下這個任務，也許它是一個機會，去做了之後如果有很好的成果，看看是不是有得到額外的獎賞，如果沒有，再去爭取看看也不遲。

在「不給就不做」和「先做再去要」兩個選擇之間，我認為「先做再去要」的好處，絕對比「不給就不做」的好處多喔！這不是要矇騙你，是因為「不給就不做」，根本沒有任何好處啊！

我知道大家會覺得很不公平，萬一花費心力和時間，公司就是什麼都沒給，最後又什麼都要不到呢？往另一個方向想，你擁有這些好處：確認自己的能力到什麼程度、增加經驗值、確認公司對你的態度，而且你同時也可以評估，如果這是一家會要你額外付出、卻不給你獎賞的公司，你還要不要繼續待下去，不是嗎？

所以我才強調，就一次！如果成為常態的話，你就不該繼續做免費的付出。如果你判斷那是一種自我投資，即便無薪酬也願意去做，這就看你個人的選擇了。

## #派得上用場的，都是不知道什麼時候學來的

有時候，不要急著界定什麼是分內的工作，什麼都先去學，其實有好無壞。因為你不知道現在學到的能力，什麼時候會派上用場啊。大部分的人都是需要的時候，才發現自己不會，然後就錯過了表現的機會。那為什麼不早點把握機會，學起來放呢？這也是我從小養成的習慣，有機會就學，之後就會發現每次遇到狀況，我都剛好會一點，實在很好用啊！

我不是叫你不計較眼前的薪水，而是要你把握可以學習的機會。那些付出可能不會換來立即的獎賞，但可能會是更長期、更有效益的報酬。很多人在工作時老是斤斤計較，消費時也只能對荷包斤斤計較，然後總是抱怨自己的生活不夠

好，卻又看不慣那些花錢不用斤斤計較的人。

寧願現在拚盡全力付出，讓未來有更多選擇！你的生活就不再需要斤斤計較。

**職場辣雞湯**

**你付出後的收穫，除了薪水以外還有很多種形式**

**投資自己，永遠不會有錯**

24

# 抱怨公司不自由？先問自己有多自律

很多年以前，有一位也是當老闆的朋友，跟我聊到他的理想：期待建立一間不需要打卡的公司，讓員工擁有高度自主性，大家約定好一個上班的時間範圍，在這個時間範圍內，把好的成果交出來就好。

結果發生了什麼事？

他說他的公司實行後，九成以上的員工都遲到，而且動不動就遲到超過一小時、一個半小時，有時候早上要開個會，都無法集結所有人。你才知道，當不需要打卡時，人們起床的動力就沒了，也因為沒有打卡紀錄，所以就算遲到兩小時薪水也一樣，人們的自律性就消失了。

因為遲到不扣薪，有些員工不認同他的作風，認為遲到的同事一天可以少上兩小時班，對準時上下班的人很吃虧，因而跑去投訴勞工局，結果他被罰款十幾萬，說他「未保障員工權益」，本來只是想給大家更多自由，卻變成這樣的下場。

你可能會說，上下班要打卡本來就是法律的規定，這是不符規定的事情。我明白，但我們可以先跳脫這個部分，去思考這個老闆本來的用意是什麼。

很多年輕老闆創業時都是熱血青年，都曾懷抱理想，想讓公司不要制式且死板，想讓員工上班時覺得更自由、更被體諒。我身邊很多這樣充滿抱負的老闆，只是無論他們透過什麼樣的形式去測試，最終都發現自己錯了，也完全理解為什麼大部分公司，需要那些死板板的各種硬性規矩，也不再想要挑戰體制了。

## #形式竟然有它的意義

高自律？高自主性？其實有時候是太過高估人性了！我也是不喜歡被形式綁架的老闆，但真的每個人都適合這麼自由的方式嗎？我也曾經嘗試過許多沒有規範、或者跳脫框架的管理方式，但很多時候，人們就是會用行為證明，自己就是需要被規定得死死的、限制得緊緊的，才能把事做好。

比方，只要不是在嚴肅的會議室、沒有排排坐的大長桌、沒有投影片，很多人就覺得不是個正式的會議，只要口頭隨意說說。明明報告的對象一樣都是主管，明明一樣要為自己的提案負責，有沒有會議的「形式」到底有什麼差別呢？為什麼有人會覺得這樣就可以隨隨便便、錯誤百出呢？

又或者，上班時間老闆透過ＬＩＮＥ和你溝通，或用ＬＩＮＥ指派你任務，和他當面叫你進去他的辦公室，當面指示你有什麼兩樣呢？為什麼會誤以為，那只是在聊天，不是正式的指令呢？所以有時候我們不要怪某些老闆高高在上，不要怪某些主管不苟言笑，因為沒有這些「形式與距離」時，有些員工就會拿捏不到工作的重要性。

是不是很奇妙呢？讓人們感受到重要性的竟然不是事情本身，而是那樣的形式和壓力，一旦拿掉那些形式，人們竟然就覺得不重要了，沒了那些形式，許多人就開始把「方便當隨便」了！

很多老闆一開始都曾經充滿熱血、懷抱理想，只是太多的抱負與期待，最後都被現實狠狠踩在腳底下，讓他們不得不清醒。如果當天使就能讓公司成功，哪個老闆想要變成惡魔？他們只是不得不啊。

## #最好的無形管理是企業文化

我現在的集團總部是開放式設計，一進門就是吧檯，還有專屬的咖啡師服務大家，每天都可以喝到免費的咖啡、冰飲、啤酒，而且是無限量供應。因為幾乎沒有隔間，員工可以騎滑板車或腳踏車在公司裡自由移動，更有可以在上班時間使用的預約制全身ＳＰＡ室，來參觀的人都說很像電影《高年級實習生》的場景。

而且他們很驚訝，我居然沒有獨立的辦公室，因為我不喜歡把自己關起來，我想和大家在同一個空間裡，如果你需要，隨時可以找到我。但我會告訴員工：「公司雖然像咖啡廳，沒有太多規矩，也沒有主管盯，但如果你缺乏自律，最後一定待不下去。」

為什麼呢？如果你上班時間老是想摸魚，進來很快就會發現「此地不宜久留」，因為雖然沒有老闆或主管整天管著你，可是「團隊氣氛」會讓你根本沒辦法混！當大家都在努力，你也會不好意思摸魚，因為你將顯得非常怪異。

最好的管理，並不是一個緊迫盯人的主管，而是根深蒂固的企業文化，當大家都上緊發條，摸魚的人就沒有容身之處。

## #擁有多少的自由，來自你有多少的自律

我發現，並不是公司喜歡訂一堆規定，是因為大部分的人如果不規定就不會去做，有的人就算規定了也不做。所以大部分的公司會有一堆規定，並不是因為老闆特別機車，而是太多人一再證明，沒有規定就真的不會做好，沒有規定就會想摸魚。

有時候人們其實真的很不了解自己，總是埋怨公司規定嚴、抱怨老闆管太多，好像沒有那些規定，自己也會做好似的，其實並不會啊（笑）。如果你很自律，自然就會把事情做好，你根本不會在乎有沒有規定，就算規定再多也無所謂啊！

想擁有多少的自由，都來自你到底有多少的自律。

如果羨慕Google那樣自由的文化，辦公室有無限供應的餐飲免費讓你拿，甚至還有不限制時間的遊戲室，你想做什麼就去做，你想待在哪裡都可以，那是因為他們用專案且數據化的管理方式，時間到了，東西沒交出來，數據沒達標，你立刻就得走路。

能夠待在這樣企業的人，都是被挑選過的菁英與佼佼者，能夠讓自己在規

定的時間內交出通過水準的成品，才得以繼續留下來，那其實是一個很高壓的地方，不要只看到表面的自由就感到羨慕，卻沒有看到他們背後的自律與努力。

職場辣雞湯——

要先有最高的自律，才有最多的自由

就算沒有規定，你都可以用更高的標準要求自己！

# 25 了解自己的極限，做有把握的事

有一次我和朋友出國旅行，早上出門前，她提早了兩個小時起床梳化準備，而我直到出門前二十分鐘才起床，接著在十五分鐘內梳洗完畢且化好妝，再換衣服就可以出門了。她看到我的速度，覺得很驚訝，問我為什麼敢這樣睡到最後一刻才起來？不怕來不及嗎？

後來我們討論了這件事，我說那是因為我完全知道「我可以」，我了解自己，我只是在有把握的情況下，做我可以做到的事罷了。如果我不行，我就不敢這麼做，而且也沒資格這麼晚起床。而她也是因為知道自己需要兩個小時，才能夠做好所有準備，也因此永遠都提早兩個小時起床，我們追求的其實是一樣的目標：就是我需要多少時間，我就給自己多少時間。

但是，多少人是根本知道這樣的時間不夠，卻不訂下自己需要的時間，老是讓自己匆匆忙忙、忙中有錯，每天早上都把自己搞得亂七八糟？

## #你了解自己的身體極限嗎？

很多人問過我，為什麼可以睡得那麼少？隔天不會頭痛、頭暈嗎？身體怎麼受得了？我覺得這些問題真的很可愛，乾脆來個祕訣大公開吧！

每個人都應該清楚自己的極限。你了解自己的各種極限嗎？

你一天要睡幾個小時才夠？

你一天做多少重要的事就會沒電？

你的身體可以接受多累？

你的酒量喝幾杯一定會醉？

早上出門，你需要多久時間才能把自己打理好？

如果沒吃早餐，你的身體到幾點一定會受不了？

連續多久的會議，你的精神會開始不集中？

為什麼問這些問題？因為既然是你在操控你的身體，你就應該知道你的身體可以被操到什麼程度？你應該要能夠控制，不做出把身體累垮的事，否則你要怎麼使用它呢？所以我經常說，你了解自己嗎？如果你連自己的身體都不了解，到底還想主宰什麼？

以我自己為例，我經常很晚睡，但我熟悉自己的身體狀況。二十五歲的我，可以每天只睡四到五個小時，隔天還是充滿幹勁，畢竟身體這麼年輕。三十五歲後的我，每天至少要睡足七個小時，如果只睡五個小時，隔天真的會不太舒適。不過只要給我一杯咖啡，還是可以撐上一天。

所以我知道，如果在前一晚睡不到六個小時的情況下，我還是能開幾場重要會議，連續這樣一兩天或許都還可以，但到了第三天我就會狀態不是這麼好了。為了維持良好的體力與腦力，我會盡量讓自己睡足身體需要的時數，不要過度操勞。我可以這麼詳細的知道自己身體的能耐，你呢？

也因為知道自己身體的極限，如果隔天的行程許可，能夠十點再進公司，我當然可以凌晨兩、三點才睡，因為我還是能睡飽六、七個小時。但如果隔天一早九點就有重要會議，你看我敢不敢三點睡？當然不敢，最晚凌晨一點我一定會睡，這不是很基本的自我控制嗎？

如果你每天至少要睡足八小時，就要思考如何好好利用這八小時以外的時間，讓它發揮最大效益。每個人需要的休息時間不同，沒有標準答案，不是睡得少就比較厲害，重要的是了解自己的極限，並不是要比賽誰可以睡得比較少喔。

## #你的身體極限，會隨著年齡改變

除了睡眠時間，飲食我也非常注意。以前我可以一整天不吃飯，但是喝高熱量的流質飲品，就是想節省為了拿筷子而放下滑鼠的時間。但現在我如果沒吃早餐就開始工作，很有可能會血糖過低暈倒，而且真的發生過。

這就是身體給我的警訊，既然知道了，我就會立刻調整，否則不僅傷害身體，也會給別人添麻煩。我的健康不只會影響我的家庭，也會影響一個企業的穩定，我怎麼可以大意呢？

所以要睡多久？要怎麼吃？自己要很清楚，而且隨著年齡、生活模式的不同，你的身體是會改變的。千萬不要自以為自己可以，結果根本不行，除了自己在工作上的努力可能會白忙一場，還會給別人添麻煩。

請一定要清楚自己的身體極限，再去承接工作上的挑戰，不要天真的以為我可以、我想試試看。如果你的身體根本不行，你根本不該爭取。了解自己的的身體極限，才是個成熟的大人。

## #別把生活過得亂糟糟，當身體超爛的主人

很多人可能都是這樣過日子的。

週末沒有充分讓身體休息、頭腦充電，週一昏昏沉沉的去上班，效率超低，偏偏週一事情很多，只好加班，然後累到不行。回到家情緒不好，就忍不住對小孩發脾氣，再隨便吃一些沒營養的東西，睡前忍不住滑手機或追劇，一不小心又太晚睡，根本沒時間保養。隔天差點睡過頭，只好妝亂化、衣服亂穿，每天都呈現亂七八糟的外貌和腦袋，日復一日繼續循環。

就算隔天有重要的任務或會議，很多人還是不懂得調整生活型態，週末無論如何都想把握放假時光，追劇追到滿或出去玩。身體要的休息，你不懂得給，結果工作一多，操勞又連續加班，平常不注重營養，免疫力一下降就生病了，到頭來身心靈都亂糟糟，如果以身體的角度來看，這根本是超爛的主人啊！

## #那些光鮮亮麗的女子，絕對不是天生麗質

羨慕那些皮膚好的女生嗎？你知道她們花多少時間了解自己的膚況、嘗試多少產品才能找到適合自己的保養方式嗎？佩服那些穿高跟鞋的女生嗎？沒有人一出生就會穿高跟鞋，其實她們花很多時間認識自己的腳型，花很多時間認識高跟鞋，知道哪一種才好穿，也清楚知道自己一天只能穿幾小時。

她們並不是天生麗質，她們只是願意花時間了解自己，嘗試之後知道如何調整，不是妄想一步登天，什麼都要速成。很多人根本不給自己身體適應的時間，甚至根本不花時間和自己相處，所以別再羨慕別人了，那些人只是比你了解自己，然後懂得自律罷了。

我們都應該非常清楚自己的人生要什麼，才能穩定的創造價值，一步步實現目標。職場如此，人生態度更是如此。那些看起來天生好手、天生麗質的人，只是不想告訴你，他／她有多努力。

## #努力到極限，就一定對嗎？

分享一個相反的例子。

我有位男性朋友，說他太太堅持自己接送小孩，下班回家還要自己料理晚餐，由於要準時接小孩，無法加班，所以經常把工作帶回家做。工作、家務、孩子等三種壓力之下，經常處於崩潰發怒的狀態。

朋友看太太繼續這樣下去不行，曾經跟太太討論過，還是乾脆辭掉工作，專心在家務與孩子上？太太卻堅持不當家庭主婦。他改勸太太，或是晚餐乾脆由他來買外食或叫外送，不然就是換個比較輕鬆、工作量不要那麼大，可以準時下班的工作？但她也堅持不要，認為自己絕對可以顧好這樣的工作量。

結果，她每天的生活都是一團糟，由於每天都太累，情緒永遠在崩潰，永遠都在吼小孩。朋友不是不想幫忙，但是太太很堅持這些事情都要她自己來，他覺得很無奈，也覺得這樣的家庭氣氛並不是太好。

這其實就是不了解自己身體的極限、情緒的極限，硬是要把自己認為重要的事，通通一把抓。或許她成為了自己心中認可的女性，但是很可能職場表現不好，當媽媽也不稱職，夫妻感情也受影響，何必呢？如果你的能力暫時跟不上你的野心，為何不排出優先順序，先顧好你最在乎的那一項呢？如果覺得孩子是最優先的選項，可以如同先生提議的，三件事先放棄其中一項，料理晚餐或許是一種，如果覺得晚餐自理才放心，那麼或許該放棄的就是工作了。

我們會面臨人生的不同階段，會有不同的生活型態，不斷的評估當下，做出正確的選擇。不要過度貪心，知道自己的能力有限、知道什麼要捨棄，是我們一生的課題。

## #聰明的女人，不會讓自己狼狽

我的女兒上幼稚園前，是我的媽媽幫忙我帶，當時仍常沒日沒夜的工作。離婚後我再次創業，有了自己的新創品牌，當營運上了一定的軌道，我決定把下班後和週末的時間都留給孩子，縮減工作時間，這是我當時的選擇。代價就是在這樣有限的工作時間下，很多事情會慢下來，花了三年才營收破億，其實原本可以更快達成，但是我一點都不後悔。

因為人生有不同的階段啊，既然我選擇陪伴小孩，付出比以前少的工作時間，就不該期待事業像以前一樣火速成長，一定會慢下來啊！但這就是我要的步調，所以我不會覺得這是一種損失，而是一種選擇。

我現在假日最大的奢侈就是睡到飽，醒來就替女兒準備早午餐，下午再一起出去走走，晚上在家看場電影，或許一起泡澡，睡前又和女兒抱在一起說點親密的悄悄話，總是說著「好了我們不要鬧了快點睡」，結果說了一小時還在聊。

很平凡，但是很美好。

生活、親情、工作、健康，我兼顧著這些。我知道選擇權、自主權握在自己手裡，而且清楚知道自己在做什麼、不做什麼，所以我不會抱怨，也不會動不動就生氣，因為一切都是我的選擇，也因為如此，我不會手忙腳亂，甚至有一股自在。

「聰明的女人，不會讓自己狼狽」，我經常告訴大家這句話。能做到的前提就是了解自己的極限，不去做辦不到的事，做出階段性的自我選擇，扮演好你選擇的每個角色。

職場當然也是一樣的道理，不是什麼事情努力到極限、卻累死自己就是對的。聰明的付出，卻得到最多的回饋，是來自於你做對的選擇。所以大家可以想想，你知道自己身體與情緒的極限嗎？你能夠過好自己的生活嗎？如果現在還做不到，那麼你又該調整些什麼呢？

**職場辣雞湯——**

**不同的人生階段，都要保持清醒**
**認清自己的能耐，排出每件事的優先順序**

# 26 不懂生活，怎麼交出亮眼的工作表現？

有一次，我請服裝小編去做一些功課，找出新款短裙的優點。因為產品內層是安全褲設計，大家一開始都說版型很修飾、材質不易皺、有安全褲比較放心。於是我又說，「好！那麼這些優點接下來要怎麼連結生活，怎麼觸動消費者？也就是說，這款短裙的設計能幫助到消費者什麼？」

現場一片鴉雀無聲，因為大家找不出這條裙子與生活的連結。

我跟大家說，如果我是消費者，一直聽你吹捧產品設計的優點，我不一定會買單，你應該告訴我，這條裙子和我的生活有什麼關係？買這條裙子可以幫我解決什麼問題？這才是對消費者的真正價值。

例如，這樣的裙子設計，讓人們搭捷運手扶梯，再也不怕走光了。機車族也因為裡面的安全褲設計，可以穿得美美的。媽咪們帶小孩的時候，想蹲就蹲超自在。上班族坐一整天也不怕裙型皺巴巴的。每天搭捷運手扶梯的你，每天騎機車的你，要在辦公室坐一整天的你，可以想得到嗎？這不就是你的生活嗎？為什麼該搬出生活經驗來的時候，大家反而卻找不到呢？

同樣的邏輯，如果你在化妝品公司、保養品公司工作，你又要怎麼推薦你的產品？你公司的產品和消費者的生活有什麼關聯性？你能不能運用生活中的觀察，交出有水準的提案，還是只能給出言不及義、不食人間煙火的東西？

# #真正的專業，是來自與生活的連結

如果你是室內設計師，要怎麼根據客戶的喜好和生活習慣，為他設計好看又好用的空間？相信大家都有這種經驗，有些空間裝潢得美輪美奐，但真的住進去就發現，很多細節根本不適合生活。

例如我去住過一家飯店，床頭竟然沒有插座的設計，難道睡前大家不滑手機或不需要充電嗎？我也看過住家的餐桌附近，沒有設計插座，難道大家都不用電磁爐吃火鍋嗎？不然就是廚房沒有先計算過有多少電器，結果插座不夠，電器竟然得輪流用電。

空有好看的外型，如果使用起來卻超不方便，就是不食人間煙火的設計，你絕對不會覺得這是很棒的設計。

所以，除了認真工作，我也想提醒大家一定要「好好生活」，再把你從生活上的體會，結合到你的工作裡，才會發揮最大的效益。

沒有生活的人，除了可能很無趣，職場也不會表現得宜，因為你不懂這個社會，也不懂大部分的人在想什麼，無論是設計、產品研發或行銷推廣，怎麼會產出對的想法呢？

我發現很多上班族都有類似的問題，缺少生活、不清楚時事、缺乏人際互動、不擅長社交與溝通，工作表現也因此經常受到阻礙。所以我經常跟員工說，假日就是要多出門走走，多去見見世面，多接觸人群，平常多關心時事與新聞，這些其實不只是玩樂，而是投資自己，更了解這個社會與人群，對工作真的有很大的幫助啊。

認真工作也認真玩，其實是相輔相成的。我甚至覺得，很多人越會玩就越會工作！因為你在生活中吸收的資訊、累積的觀點和養成的人脈，都可以運用到工作上，又因為工作表現好，所以更會賺錢，又能繼續投資到你的生活、擴大你的生活品質與生活圈，最後成為一種正向循環。

校園中，最厲害的是那些又會念書又會玩的人。職場上，厲害的當然就是那些又會生活又很會賺錢的人啦。

## #你的工作與生活，應該彼此創造正向循環

有人問，什麼樣的情況是「沒有生活」？整天耍廢在家追劇，當然也是一種生活，但是大部分的人把工作與生活分得太開了，很容易覺得工作就是工作，生活就是生活，所以工作上學到的不懂得運用在生活，生活中累積的也不會應用到工作，兩者完全沒有交集。

首先，不要把工作和生活分得太開，應該找出其中的關聯性，讓它們互相回饋，創造正向循環。將工作上所學到的豐富生活，再把生活中的體悟融入工作，這樣你的工作會越來越上手，也越來越能享受精彩生活！

再來，一定要和人保持互動。很多人在職場上不喜歡和同事往來，下班後也是獨來獨往，這樣的生活圈很容易太小，不熟悉人、不理解人，於是缺乏社交能力、溝通能力。你知道嗎？不食人間煙火的人，在提案的時候都不太可能拿出好的點子，因為提案的內容，可能會讓人覺得，難道你都不出門嗎？你都不買東西嗎？你怎麼會都不知道現在市場上流行什麼呢？其實就是因為太缺乏生活感了。

如果你經常讓自己的腦袋放空，長期下來，腦袋不習慣輸入新的東西，工作上自然也沒有東西可以產出。所以保持生活的活躍度，或者適度的見見世面真的非常重要，不要老是關在自己的小圈圈裡，不然某個工作場合需要時，你可能才會發現自己完全帶不出門、上不了檯面，很可能就錯過重要的表現機會了。

懂得生活，不是要你花很多錢去過奢侈的生活，只是要讓自己至少什麼事都要知道一點、多懂一些，不要覺得那些事情和自己無關，想說反正工作上用不到。很多人是這個也不知道、那個也不知道，他們總是說「因為我沒在看」、「因為我不是很喜歡」、「因為沒興趣接觸」，真的需要用才開始學根本來不及啊。

其實任何地方都會有工作靈感，但是仍然需要你主動去觸發，如果你活得像根木頭，做什麼當然都會很僵硬啊！如果你是跟這樣的人聊天，也會發現超難聊，因為話題實在很匱乏，講什麼都不知道。所以，當一個生活充實、頭腦靈活的人，才能對工作有更多貢獻，這些貢獻也會回饋在你的薪水上啊。

## #學習如何「好好生活」

想想看，你是沒有生活？還是不懂得把生活運用到工作？我不是要你連下班都在想工作，是要你讓兩者融會貫通、互相反饋，這種美好的循環需要你自己去創造！至於具體要怎麼做，提供幾個很簡單的方式：

### 一、打開眼睛，觀察身邊的一切

每當你去到某個地方，把眼睛打開，多看、多觀察，然後練習把你觀察到的心得寫出來。例如，公車上、早餐店、公司、超商，逼自己隨時觀察並整理出想法，久了之後不用再寫，你也已經養成觀察的習慣。

至於要寫什麼呢？不需要太嚴謹，看到什麼就寫什麼，例如今天很熱，好多人穿短褲，早餐店最多人點冰豆漿，同事今天好像都很有精神，和昨天的氣氛不太一樣，超商又推出新的集點活動，所以很多人中午都買涼麵。

不要以為這些芝麻小事沒有用，除了訓練觀察力，也是累積你跟別人聊天的素材，很多人不會聊天就是因為他一無所知，什麼都不知道，才會連聊天都有困難。

## 二、關心世界，天天看新聞

無論是不是你關心的議題，請你每天都要看新聞。不管是網路、電視、新聞台的臉書專頁、YouTube，任何能獲得最新資訊的管道都可以，反正你不能不知道世界發生了什麼事，這可是你的家園。

我發現太多人根本不看新聞，台灣或國際間發生什麼事都不知道，有些人是從學生時代就不關心時事，有些人是進入手機時代後，不怎麼看電視新聞了，但是也懶得在手機上看新聞，也有人是進入職場後沒有動力看。長期下來，除了很難跟人聊天外，你的視野還會越來越狹窄，對時事不敏感，你的提案內容不可能會好，更何況這樣的人何止不敏感，是根本不知道。

曾有人告訴我，說自己不愛看新聞，因為新聞都只會報導不好的事情，看新聞沒有什麼意義，看了心情會不好。我會勸說他們，其實新聞事件都跟我們切身相關，即便有很多不好的事情，但它就是正在發生的事情，所以我們還是應該要知道，甚至要去思考事件背後代表什麼，才會知道社會正在往哪個方向走，這就是所謂的「社會脈動」啊。

## 三、娛樂新聞，也請不要錯過

有些人不是不看新聞，而是只接觸自己喜歡的娛樂領域，例如很愛看某類文學，或很沉迷某類音樂，其他領域他都沒興趣，算是小眾類型。另一種是因為覺得娛樂新聞沒營養，所以娛樂八卦、生活消費類型的新聞，他一概不看。

這兩類人都有同樣的問題，就是只專注自己喜歡的，不想理會其他的事物。我的建議是，請不要只挑自己喜歡的，花點時間去看看別人喜歡什麼。當然你可以特別關注你有興趣的領域，但不要把其他都排除在外，不是要你掌握到鉅細靡遺，但至少最好都能知道個大概。

例如最近某家咖啡廳爆紅，我會想知道它為什麼紅呢？找個時間去看看，如果訂不到位，也可以在網路上爬文，思考一下。或者某家餐廳得獎了，我也會想嘗嘗看，即便吃完之後覺得普通也沒關係啊！或者最近某部電影很多人討論，即使不是我喜歡的題材、沒有我喜歡的演員，我也會去看一下，因為我想知道它在說什麼、為什麼引起討論？

## #保持對世界的好奇心，別讓自己狀況外

請保持這樣的好奇心！不要覺得那些東西不是你喜歡的，就與你無關，甚至還因為自己不喜歡，就去批評喜歡的人，例如我們可能會聽到同事抱怨：「拜託！那間咖啡廳再怎麼紅，有必要排隊排成這樣嗎？那些人真閒真無聊！」

因為別人做著你不會做的事，你就覺得他們很奇怪。其實，你應該把它當成一個社會現象，去觀察為什麼會這樣，你完全不用喜歡也不用認同這些事，但你不能不知道。如果你什麼都不願意接觸，有可能連別人的話都聽不懂，有時候你會不知道你錯過了什麼。

我是一個電影迷，經常在開會時引用電影角色做比喻，「這個設計有多厲害？我想大概是薩諾斯般的等級吧。」沒看過漫威電影的人就會一頭霧水，聽不懂我在說什麼。你可能會覺得，又不是每個人都是漫威迷，沒聽過應該還好吧？

拜託，《復仇者聯盟：終局之戰》是人類影史上最賣座的電影，就算你不是漫威迷，你真的一點都不好奇它憑什麼嗎？

再講件好笑的事，有一次我拿到新廠商提供的服飾樣品，當場就在辦公室試穿。某件衣服，我一穿上身就大爆笑，「天呀，我根本是奇異博士的師傅吧！」手指還一邊畫著魔法大圈圈。少數的同事跟著大笑，多數人則是一臉茫然，於是懂的同事趕快搜尋圖片給不懂的人看，但沒看過電影的人，即使看到照片可能也不會有太多感受。於是那些知道的人就開始跟我聊了起來，笑得開開心心，如果是你，你會怎麼想呢？

## #你可能覺得聽不懂也還好，其實你錯過的是身處的世界

觀察力好的員工應該會發現，我經常用影劇裡的角色來形容比喻很多事，無論是開會的時候形容某個事件，或打版的時候比喻某個版型，例如「我想要黑魔女般的神祕感」、「這款套裝要是版型沒做好，會變成國務卿女士」。這時候平常有涉獵影劇的人不是很吃香嗎？至少他們知道黑魔女是誰、國務卿女士的造型是

什麼樣子。

平常就要把這些資料輸入腦中，因為你不知道什麼時候會用到，能夠用上時就很吃香了，尤其如果你的工作是社群相關，需要緊追著大眾流行，或者你的工作是業務，經常要跟陌生客戶聊天，或者你的工作是行銷企劃、產品開發，其實都很需要生活上的新知。

「學到的，你不知道什麼時候能用上，用上的，你也不知道是什麼時候學的」，這句話影響我很深，我覺得生活到處都是學習，到處都能運用，應該讓自己開放心胸，接收一切，你才會有更多的創意、更多的產出。

**職場辣雞湯——**

**懂生活才懂工作，隨時從生活中學習**

**從什麼時候開始都不嫌晚，總比一生都錯過要好！**

# 27

# 同事耍心機？他只是比你積極有野心

我知道你在職場上的煩惱，不只有老闆，還有同事。

先說一個小故事：A和B是同事，B的工作能力很好，A本來也很欣賞他，但相處一年後，A才發現B原來很會「搶功」。明明沒怎麼經手的工作，B卻說得天花亂墜。B還常站在A的身後看他的電腦，想知道A在忙什麼。老闆交代A的大小事，B都想知道，還常跑來問A，老闆最近跟你說什麼？那個某某同事最近怎麼樣了？

最讓A生氣的是，有一次工作出了小狀況，他明明就已經盡力處理了，B居然跑去和老闆討論，而且評論A的做法。雖然老闆沒有說什麼，但事後A隱約覺得老闆對他的態度不太一樣。

你身邊是不是也有一位同事B？說不定你也很討厭他，覺得他很愛耍心機，覺得他真的很討人厭！你是不是也想知道，要怎麼和這種愛搶功的同事相處？要怎麼保護自己？要怎麼向老闆反應？

## #你是不是溫良恭儉讓，可是搞不清楚狀況？

其實這就是一位比你強十倍的聰明同事，還不趕快跟他學！他根本沒有想要傷害你，人家只是在努力往上爬而已。

討厭同事搶功的人，可以先檢視一下自己在職場上的樣子。你是不是超級乖乖牌、明明事情都有做到，但卻並不出色？為什麼？因為可能你的腦袋太死，以為職場有做就有功勞，也因為台灣的社會氛圍往往讓人變得「溫良恭儉讓，可是搞不清楚狀況」！

你覺得同事討人厭的地方，站在老闆的立場卻有完全不同的解讀。

### 一、明明沒經手的工作，卻說得天花亂墜？

沒經手不代表他不懂，他可能早就習慣用眼睛觀察，早就理解事情的來龍去脈。就算他真的不懂，卻說得好像很懂，表示他的口才很好，業務能力應該也不錯。如果他適時發揮這樣的能力，幫助公司對外應對、社交公關，絕對會比乖乖牌更出色。

二、**常站在同事身後偷看？暗地監視同事？**

這是他的自由呀！又不犯法，如果你沒做什麼壞事，有什麼好不自在的呢？人家用眼睛學東西，他會這樣跟你學，他就會這樣跟老闆學。老闆可能會覺得這傢伙真聰明！知道要自己多看多學，而不是等著別人來教。以老闆的視角而言，如果我遇到我還沒認真教，光看我怎麼做就自己學會的人，我就會知道這是個聰明的員工。

三、**老闆交代的大小事，明明與他無關，他卻都想知道？**

因為他不覺得不關他的事啊！公司的事他都想知道，他都想學！這是很積極的性格，而且他可能會把這些線索全部串起來，然後做出更符合公司需求的東西。老闆沒說的事，他懂得自己去了解，而不只是乖乖做出老闆交代的事，這不只是野心勃勃，還懂得借力使力！

**四、到處打聽同事近況，到底想幹嘛？**

如果他沒有造謠生事，純粹只是了解近況，這其實很正常。除了是基本的關心，也可能是因為他知道，要搞清楚辦公室裡的人際關係。通常這是一個懂「關係」的人，才會這樣做。職場裡大部分的人只知道做好自己的工作，遇到跨部門的溝通就做不好，經常是因為你不懂「辦公室裡的關係」啊！

**五、你的工作出包，他跑去和老闆說三道四？**

或許他不覺得這是小狀況，很多時候就是因為流程小小的不順，最後導致後面發生很多問題，或許他是想立刻解決、預防損失，老闆可能還覺得應該負責的你怎麼一點反應都沒有？到底什麼時候才要找他討論和解決？同事都跑來幫忙了，你怎麼還在當沒事？

## #優秀本來就需要野心，也需要心機

你可能會說，這些行為明明就是很有心機，為什麼我要講得好像都是優點？其實，優秀本來就需要野心，也需要心機。與其說是「心機」，我更想改為「花心思」，聽起來更正面一點。這樣的同事，只是擁有你沒有的心思。

大家都想進入優秀的企業，跟著優秀的老闆，以為只要待在他們身邊就可以學到很多東西，其實事情都沒有想像中容易，因為大家知道嗎？進了優秀企業就會成長的人真的很少，因為一切還是靠自己啊！

如果你只是站在旁邊，不懂得自己用心感受，用觀察力學習，都等著人家教你，教了又一知半解，成長幅度當然很有限。而且你很快就會「幻想破滅」，覺得待在厲害公司好像也學不到什麼，做錯事又被念被罵，覺得大受打擊，遲早會整個人失去信心。

許多人在職場上，都太想依靠別人，指望誰應該來教你，誰應該成為你的伯樂。其實跟著誰都一樣，最後還是得靠自己。有個良師當然很棒，但這裡是職場，老闆與主管畢竟不是幼稚園老師，不可能全方位呵護你，「師父領進門，修行在個人」，真的大部分還是都要靠自己偷學。我一直鼓勵我的員工，要自己打開眼睛學東西，我希望他們多看我是怎麼做的，然後就盡量學走，不要客氣！

## #學習是一種成本，學得快是一種能力

舉一個真實的案例。有一次我要教某件事情，抓了A、B、C三個員工來，因為這是他們分內的工作。有一個位置很近的員工D，看似沒在聽，過幾天我發現他通通學會了，而且應用得很好。原來當時他其實有在聽，耳朵有打開！是不是個聰明的傢伙！反倒是A、B、C，裡面有人是有聽沒有懂，我還要花時間再教一次才行。

身為老闆，我就很清楚的知道他們的能力差距有多少，而且這兩種人就算做一樣的工作，我給的薪水也不可能是一樣的，因為教起來的輕鬆度差很多啊！老闆教你不是免費的，花時間教你，是希望你貢獻產值給公司，但如果你都學不會，就太浪費我的時間了呀。

在職場上，一定要這樣：眼睛打開、耳朵打開、頭腦也要打開。

如果我是小員工，每次老闆教別人，我一定能偷聽就偷聽，間接學起來！老闆跟主管開會時，如果能旁聽或做會議紀錄，我一定瘋狂學習，了解他們到底在說什麼、下了什麼判斷。如果能跟老闆出去，一定要睜大眼睛看他怎麼和別人互動，怎麼和別人維持關係，能學走的都要學走，快點用力把老闆榨乾。

只要有機會近身觀察老闆，或是公司裡優秀的主管和同事，你的眼睛、耳朵都要打開到爆掉，恨不得能夠全部錄影下來，回家看十遍，看他們到底為什麼那麼優秀。他們的為人處事、邏輯思考能力、溝通能力、協調能力、危機處理能力，通通都要學走才對呀！

如果你剛好聽到老闆和廠商開會，為什麼不聽聽他們在討論什麼？試著自己做一些分析？判斷一下你可能可以做什麼？很多人不習慣對周遭保持靈敏，經常會有「應該不關我的事」的自我設限，以至於很少主動學習事物，這就是眼睛沒打開、耳朵沒打開、腦袋也沒打開。

不懂主動學習的人，通常也是學習和理解很慢的人，進步速度、加薪升遷的速度就會真的很慢，這些真的都是自己決定的。千萬不要自我封閉，也不要再說同事太有野心、愛耍心機了，會主動學習的才是聰明人啊！

職場辣雞湯

把眼睛、耳朵、腦袋打開

偷學起來都是自己的本事！

# 別浪費時間管別人，你只能讓自己更優秀

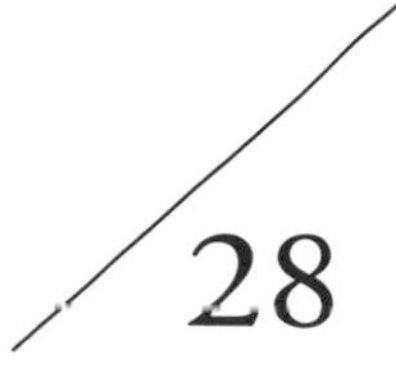

在IG與Youtube分享職場經的時候，我發現很多問題都來自於大家很喜歡「管別人」。比方：為什麼同事老是愛刷存在感？為什麼主管都不採納員工的建議？為什麼誰誰誰都要怎樣怎樣？誰誰誰很討厭……等。

我們來思考一下，你為什麼動不動就看不慣別人呢？為什麼要管別人怎麼做呢？先管好自己吧，老闆怎樣、主管怎樣、同事如何如何，說穿了這些你通通無法改變，為什麼要用寶貴的時間，去煩惱這些事？這是何苦呢？

同事刷存在感，有礙到你嗎？他要做什麼都是他的自由啊。我希望大家先了解一件事：每個人都有自己的生存之道，大家都是想要在職場上生存而已啊，各憑本事嘛！主管不採納員工建議，那是主管的事，部門的績效是他在負責，不是

你。你能控制的，從來就只有自己而已，不是嗎？

與其花時間管別人的人生要怎樣，為什麼不花時間處理自己的人生？如果你老是覺得你的同事、主管，甚至老闆都是混蛋，那你就要有能力脫離這一群混蛋啊。如果是自己不想走或根本走不了，該怪的也是自己。還不如好好想想，在這樣的環境之下，你要怎麼生存下去吧！

## #接受這件事，別人跟你不一樣

除了愛管閒事以外，很多人在職場上還有另一個問題：因為我怎麼樣，別人也要怎麼樣。每次遇到這類問題或抱怨，我都會想：「所以你覺得世界上只有一種人嗎？只有一種跟你一樣的人？那這個世界也太無聊了吧！（笑）」

從學生時代開始，你就知道每個同學的個性不同、想法不同、家庭背景也不同，出了社會後的際遇，也完全不同啊！十二星座的性格都不一樣了，為什麼會覺得別人都要跟你有一樣的價值觀呢？

因為自己個性很好，平常都會幫忙同事，遇到同事拒絕自己，就覺得不能接受。你願意幫同事，不代表他願意幫你呀！而且其實他也沒有義務要幫你，那本來就是他可以選擇的呀。你覺得剛進公司的新人就是應該客客氣氣，保持謙虛，所以看到擺高姿態的菜鳥，你完全不能接受。一樣的問題嘛！你是你，別人是別人呀！他要怎樣是他的選擇。

每個人都有自己的邏輯，管別人那麼多幹嘛呢？我看到非常多人糾結在這種事情，總是不能理解「誰誰誰為何要這樣」，因為「自己都不會這樣」，所以呢？又不是全世界都是你的複製人！不要再管別人了，管好自己吧！「天下本無事，庸人自擾之」，其實就是這個意思啊。

## #早點適應地球，別再糾結了

再講一個職場上你應該要懂的：不在其位，不謀其政。

這也是很多人容易犯的錯，人們沒有在那個位子的時候，特別愛管別人，當真的坐到那個位子，必須管別人的時候，偏偏又管不好。然後繼續說：我不懂他們為什麼要如何如何？如果人都這麼好管，到處和樂融融，這個世界要主管、要制度、要規定幹嘛？

先認知一點，每個人就是不一樣，要的也不同，但地球就是如此，才會那麼豐富有趣啊！早點搞清楚這些邏輯，對你的人生是很有幫助的，不要再以為全世界都是你的複製人了，也別再老是糾結為何別人不如你的意，因為地球就是一個這樣的地方，早點適應好嗎？你都來那麼久了！（笑）

再來一個更進階的問題，常常有人問我，要怎麼避免自己在職場上被陰呢？我會說，如果你有足夠的實力，就算被陰，會很容易就黑掉嗎？就像人氣超旺的候選人，無論再怎麼被批評抹黑，他可能還是會當選啊！如果人家隨便黑你一下，你就掛了，不就是你太弱嗎？我們從來就無法阻止別人要怎麼樣對我們，我們只能讓自己挺住啊！

## #嫉妒是因為別人的好，而發現自己的不足

也有人問，如果很容易嫉妒別人，甚至因為嫉妒，過於影響自己的心情和表現怎麼辦？

我也不是沒有嫉妒過別人，可是長大後我發現，嫉妒根本不會讓我變好。唯有花時間努力、改變，自己才會變好啊！想通這一點，我就再也懶得浪費時間嫉妒別人了，而且我會轉化嫉妒的心情，讓嫉妒成為我的墊腳石，變成一種正面的力量。

大家可以練習一下轉化自己情緒的步驟：

**一、先是產生「羨慕、嫉妒、恨」**

同事好強，他怎麼那麼厲害，怎麼會有那麼棒的創意？太嫉妒他了。

**二、接著就會哀怨自己不夠好**

為什麼我會沒辦法那麼厲害呢？我到底在幹嘛啊？

**三、然後試著將嫉妒，轉化為努力的動力**

不行！我不能放任自己這樣，人家都那麼厲害，我要更加油才行！我不想輸！

## 四、最後！一定要付諸行動，做出改變

我要想想看怎麼改變自己，才能變強，那我就不用再羨慕別人了！

以上四個步驟，其實很簡單。如果你有辦法轉化自己的情緒，變成激勵自己的能量，這樣的話，對別人感到羨慕、嫉妒、恨，就不是件壞事了，因為你是看到別人的好，而發現自己的不足。只要你懂得反向思考，負面的能量也可以很快變成雞湯，甚至比正面的心靈雞湯更能提醒自己變更好、變更強！但如果你只是在那邊羨慕、嫉妒、恨，卻什麼也不做，那你注定就會比別人差。趕快學會這種轉換心情的能力，很好用的！

**職場辣雞湯——**

**羨慕就是改變的動力，讓嫉妒成為你的墊腳石**

**與其老是看不慣同事，不如也找到自己的生存之道**

# 老闆是你自己選的，人生也是

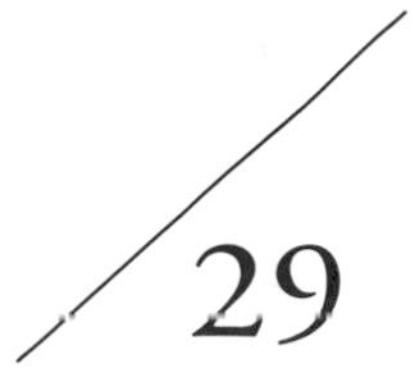

曾聽過一個朋友在聚會上抱怨自己的主管，對方大概是做了什麼讓他忿忿不平的事，他氣憤的說：「可惡！我就是要跟他鬥到底！」

其實，鬥什麼鬥呢？你浪費的是自己的人生啊。不能打從心裡認同的公司和老闆，為什麼還硬要待下去呢？除非你有很充足的理由，例如薪水高到讓你願意為五斗米折腰，如果沒有，你到底是在幹嘛呢？

做人要懂得提升自己、反省自己，在職場也要懂得選擇適合發揮的舞台，千萬不要浪費不必要的時間，在錯誤的地方苦苦掙扎。如果你想用最快的速度，賺到最多的薪水，一定要選對「產業」、選對「公司」，再選對「老闆」，目標就八九不離十！這個觀念前面也已經說過了。

即便前面選對了，大家面對老闆還是會遇到很多「狀況題」。有人的狀況題是這樣的：老闆原本承諾每個月有固定的獎金成數，結果突然無預警調降，最後甚至不給，他鼓起勇氣詢問老闆，卻被已讀不回，該怎麼辦呢？

我認為，無心學習的人教不會，裝睡的人叫不醒，如果你的老闆會做出令人厭惡的事情，例如欺騙、出爾反爾、甚至霸凌，那你就要看透，他就是這樣的人啊！不要想著如何改變他，「要嘛忍，要嘛滾」，你可以因為某些走不了的理由選擇暫時忍受，也可以就乾脆停損、離開他，不要自己不走，又整天不斷抱怨，這不是很矛盾嗎？公司和老闆都是自己選的，掌控權在你的手上啊！

還有人說他的老闆喜歡被拍馬屁，明明應該追求績效，那些沒業績只會抱老闆大腿的人卻很受寵，太不公平了，真是搞不懂老闆在想什麼！前面的章節提過，不要違背人性，想搞定老闆之前，先認識你的老闆是哪一款，搞懂他的價值觀。

其實不是每個老闆都喜歡被奉承，那只是其中一種類型罷了。如果你不會拍馬屁，也不想做這種事，為什麼要選一位喜歡被奉承的老闆呢？其實問題不在老闆身上，是你為什麼不選適合自己的老闆呢？

# #放棄老闆等於放棄年資，該怎麼選擇？

當你了解選對老闆的重要性，也認清現在的公司不宜久留，終於下定決心要走人。這時候，你突然想到，好不容易累積了幾年的資歷，如果自己提離職，不就沒有資遣費了？到底要走還是留，又讓你陷入了兩難。

其實，資遣費是個迷思。

資遣費存在的意義是什麼？是萬一你被公司解雇，公司應該依照法律規定，按年資付給你費用，讓你能維持基本生活，有時間找下一份工作，不至於突然斷了經濟命脈而無法過日子。

所以，資遣費是你「萬一被解雇時的保障」，但是很多人忘了資遣費的前提是「因為你不想走，但卻被開除」，而把資遣費當成「我本來就應該得到的」。錯誤的邏輯，讓他們經常被卡在資遣費這一關，而失去了可以「隨時離職的自由」。

那些因為捨不得資遣費，而不願意離職的人，就是擺明了「不管怎樣我都不會自己離職」，即便老闆再爛也絕對不會走，或許很多老闆就是看清了這一點，知道你絕對不會走，於是又更敢不兌現他的承諾，不甩你的要求。因為他覺得反正你們都沒有要走，於是就惡性循環了。我並不是說這樣做的老闆是對的，我只是在告訴你，基本的人性思考罷了。

## #選老闆跟談戀愛一樣：遇到渣，請立刻停損

我經常這樣打比方，為了資遣費而絕不離職，不就如同你愛上一個渣，無論他有多爛，你都不會主動離開他，一定要等他甩了你一樣嗎？你說沒拿到資遣費真的很虧，我會說跟著不對的老闆，待在不對的企業和產業才是真正虧大了，因為你其實是在浪費人生！人生和自由才是你最寶貴的東西好嗎？

打破資遣費的迷思吧！一開始就不要把資遣費當作應得的，不要因為沒拿到就失去了你離職的自由，為了這筆錢綁住自己，卻忘了自由、尊嚴、時間才是你最寶貴的一切。投入工作是為了自己，是要去為你願意相挺的老闆和企業付出，而不是為了資遣費被糟蹋。

親愛的，沒有人能夠糟蹋你，除非你願意糟蹋自己。一定要記住這個：先選擇，再努力。選對企業、選對老闆，確定這個地方能讓你的付出有回報，再去努力。千萬不要在錯誤的地方苦苦相逼、白費力氣。要自己拯救自己的人生，為自己的職涯做出最好的選擇，不要只想等著伯樂出現拯救自己。知道嗎？千里馬在沒遇到伯樂以前，牠自己依然是一匹千里馬啊！

請記住，人生和老闆都是自己選的，不要把決定權交到別人手上。如果你自認是千里馬，就不要停在原地等待伯樂，把人生的決定權拿回來吧！

**職場辣雞湯**

遇到不對的老闆，要嘛忍，要嘛滾，不要待在原地等奇蹟

沒有人能糟蹋你，除非你願意糟蹋自己

# Part 4

# 想帶人，就要先適應高處不勝寒

# 30

# 成為領導者，就要有被討厭的勇氣

主管難為，尤其當老闆的心理素質要非常強大，強大到你無法想像。

身為萬惡的老闆，如果我不小心把誰操爆了、把誰罵走了，會不會後悔？會不會難過？當然會啊！尤其如果那個人是你用心栽培、小心呵護，慢慢培養起來的人，就和自己的小孩一樣，怎麼會不痛、不難過？

我也會想，如果我當時少說一句，他是不是就不會……？如果我再給他多一點時間，或許……。可是，如果我總是等你、讓你，無止盡的包容你，你永遠都不會長大，你的翅膀永遠都不會變硬，有時候學會飛翔最快的方式，就是把你丟下懸崖。

那要誰來當這個壞人呢？當然是老闆（或主管）啊！其實老闆也是冒著風險

的，因為如果你摔死了，我一定會很傷心，但你也可能會展翅高飛，這時候我會哭泣，而且是喜極而泣。

可見，老闆的心理素質要多強？他做的每件事、說的每句話，背後都有一堆風險，但他還是得扛。有人說，當老闆要有被討厭的勇氣？我覺得那還只是幼幼班而已！當老闆還要有孤注一擲的勇氣、傾家蕩產的勇氣、一夕全毀的勇氣，至於被誰討厭，真的是最基本的而已。

如果我不去做我該做的，我才討厭自己，那才是我最不能接受的事。

## #領導者不需要取悅別人，還有更多該做的事

如果你想當主管，那麼你該知道，領導者該做的，是為團隊找到適合的人。

你要先分辨員工有什麼樣的特質，不要叫魚去爬樹，也不要叫猴子去游泳。如果你一直讓魚去爬樹，魚很痛苦，你也很痛苦。身為主管，要會看人、用人，要知道怎麼把對的人才放在對的位置，說不定你擁有的是超強的鯊魚，但因為你派他去爬樹，反而埋沒了他，也讓公司失去本來可以獲得的利益。

不是每個員工都了解自己，很多人都只挑自己喜歡的事情做。也許員工不會認同你的工作分配，覺得你沒有看見他的光芒，甚至因此離開你。但也不要因此而感到遺憾，這種事經常發生，或許有一天他會知道你是對的。

只要你清楚自己在做對的選擇就好，你的職責是把人才放在對的位置，讓員工做他「適合」的事，而不是讓員工做他覺得「開心」的事。有些人做著適合的事，會充滿成就感，每天都很快樂。有些人做著適合的事卻覺得無趣，然後一心想著喜歡但未必擅長的事，這就不是你可以控制的，你沒有辦法、也沒有必要取悅所有人。

## #不適合的人，你得狠下心放手

領導者該做的，還有排除不適合團隊的人。

先看一個例子。有一位公司主管，最近錄用了一位新人，兩個月試用期過後，新人依然態度消極、缺乏責任感，有問題也不會主動發問，被指正了卻依然故我。這位主管想，究竟是新人理解能力有問題，還是個性太漫不經心？本來想快刀斬亂麻請他走人，但頂頭上司卻希望再給新人一些時間，他應該怎麼做比較好？

一個新人能不能用，其實在面試時通常就已經能夠分辨大概，上班第一週大概就知道他的特質和行事作風，如果你有用心觀察，最多大概就是一個月，不能用就要趁早下判斷。如果是有機會調整的小問題，就再多給一個月的觀察期，如果無法調教，就早點放手吧！

再看一個例子。有一位員工，能力普普、開竅慢，常常無法做完當天應該完成的工作，但又不肯花時間努力練習，他的理由是：「我沒有偷懶啊，我已經很努力去做了，就是只能這樣了。」如果你是他的主管，要怎麼管理他呢？

其實這樣的人很多，資質普通又不肯多做努力，所以總是會拖累部門的進度。但是很多主管，對於能力普通卻又沒有犯大錯的員工，總是覺得因為找不到開除的理由，所以一再的容忍，也因為狠不下心放棄，所以很難拉高團隊的素質，慢慢的就變成平庸的團隊，無法獲得出色的成績。

領導者最不該做的，就是當濫好人。

如果你沒當過主管，看到這裡可能會覺得太過無情。你可以站在同事的角度思考，如果你的部門都是能力普通又不積極的人，總是拖累進度，讓你老是要幫忙收拾，最後就是因為部門績效不佳，整個部門一起拿不到獎金，甚至面臨被裁撤的風險，你還會想要這樣的同事嗎？

## #踩線的事情零容忍，是在保障團隊的利益

我遇過用上班時間兼差的人，也遇過在公司兜售直銷產品，甚至用主管身分要下屬買單的人，這樣的行為真的不可容忍。如果員工在上班時間兼差，我還睜一隻眼閉一隻眼，其他同事就會覺得自己認真上班像個白痴，以為公司風氣允許他這樣做。

如果我容忍，就會沒有人願意認真，砍掉不對的人是保障團隊的權益，才不會讓認真做事的人覺得不公平。這才是身為主管該做的事，你不處理，誰能處理？提供員工公平的環境，是你的責任啊！否則不要抱怨為什麼員工不願意付出，那你又做了什麼？

## #講不等於教，隨時注意團隊的步伐

領導者該做的，還有教育員工。

很多當主管的粉絲會問我，應該怎麼教下屬？我都會反問他們平常怎麼教？結果發現，大部分的主管都以為「講」就等於「教」。下屬犯錯時，他們都說，「我明明都有講啊！」「我不是說過了嗎？」

其實，「講」根本不等於「教」！如果帶員工這麼簡單，講了就會聽，說了就會做好、就不會做錯，那麼當老闆、當主管就不會這麼難了，這世界上也不需要那麼多管理課程、管理書籍，甚至有管理學系了。不管你是老闆、小主管，或是專案的領導人，請務必分清楚，有講並不等於你有教。

尤其當主管的人，通常腦袋轉得很快，腳步也可能很快，有時候會忘了回頭看看員工有沒有跟上。有時候我也會深夜檢討，覺得自己需要稍微慢下來，讓團隊整個跟著慢下來。不然如果帶頭的衝太快，團隊跟不上，想硬跟上的人氣喘吁吁，沒力氣跟上的人只能原地觀望，為了大家好，主管要知道什麼時候踩煞車才行。

給身為主管的人，你不只要擁有「被討厭的勇氣」，更要堅定的帶著大家，往對的方向前進。

職場辣雞湯——

**身為領導者，要有強大到無法想像的心理素質不做對的選擇，我才會更討厭自己！**

# 31 長江後浪推前浪，日常越舒適，職場越不舒適

分享一個血淋淋的案例。

一位朋友的親戚，在某個企業非常「舒服」的做了二十幾年，為什麼說他「舒服」呢？因為他很早就進去該公司，早就是公司的老鳥，就算二十幾年來做的都是相同的工作，後面進來的同事也得讓他三分。加上平常沒有太多進度要趕，老闆也不太管事，每天事情做完就能準時下班。雖然薪水普通，但因為實在滿涼的，所以他也懶得換工作，怕換到其他公司，就沒有這麼「舒服」了。

朋友建議他，既然工作還算輕鬆，要不要利用時間多學點東西，培養第二專長？他說不要，反正工作上也用不到。朋友又問：那要不要爭取升遷當主管？他還是認為不要，因為主管要帶人管人、還可能要加班，那多累啊！後來公司有一

個職位出缺，想從內部調人，薪水也比較高，朋友又問他要不要去試試？果然，他還是拒絕，因為那個職缺事情多、壓力大。

這位朋友的親戚，就這樣安穩又舒適的過了這二十多年，完全沒有換過工作，每天都做一樣的事。有一天，公司突然引進一套新系統，取代了他的部門所做的事情，於是整個部門就突然被裁撤了，他在五十歲這一年失業了，他好傻眼，不知道該怎麼辦？

再度開始面試求職，這才發現自己沒有什麼市場專業，因為平常做的都是以前的公司需要的，而不是「每家公司都會需要的」。除了沒有管理經驗，電腦３Ｃ也不太上手，在現今的就業市場，自己根本毫無優勢。而且經常遇到面試他的人，竟然還比自己小十歲。這時他才認清以自身的條件，很難找到像以前那麼舒服的工作，就算想應徵最基本的文件處理或總機，人家都想找三十歲以下的員工。

花了超過半年的求職，最後雖然好不容易找到一份工作，薪水不但比以前低了許多，也不可能再享受以前的老鳥待遇，而且他還發現，到了新公司，大家對他一點都不友善，簡直從舒適圈跌落地獄，日子變得一點都不好過。這是他過去從未想過的光景，這時候才開始後悔，過去那樣的悠哉度日，才讓自己現在陷入這樣的處境。

看完這個案例，你有心生警惕嗎？或者你身邊也有這樣的人呢？

## #三點檢視你的舒適圈，可以一直待下去嗎？

剛剛那就是一個舒適圈待得太好、太滿的故事。

只要你的工作讓你感到舒適，就是所謂的「舒適圈」嗎？我認為，舒適圈其實有分類型的！有一種舒適圈，是你的專才能夠有所發揮，因為你的能力、你的不可取代性，而使你的工作「看似很舒適」，這樣的舒適圈可以待，因為那是你的能力創造出來的。

那什麼是有危險的舒適圈呢？就是那種你以為你很舒適，其實你身處風險，舒適只是暫時的，但你卻不知道。

以下幾點，檢視一下你的舒適圈危險嗎？

一、舒適圈不會永遠舒適，你的舒適是否只是暫時的，未來會改變這一切的風險是？你有能力因應嗎？

二、現在做的事，即便你做得不錯，但是否很容易被新人、被其他人取代？你在做的，是別人也很快能學會的事嗎？

三、這個舒適度，是靠自己達成的，還是靠其他條件？而那個其他條件，可靠嗎？又可以靠多久呢？是否正在流逝中？

舒適圈沒有不好，能夠感到舒適，你一定做對了什麼，無論你是靠自己、靠年資、靠幸運、靠關係，都可以。最怕的就是你過得太舒適，結果失去了危機意識！

## #職場很舒適，日常越不舒適？

處於舒適圈的人，往往以為自己做得很好，平常不會去觀察別人，也不會主動請教主管還可以怎麼進步，更不會反思自己的工作表現，也因為過得太舒服了，心情過度安逸，下了班當然也不會想要進修什麼。

對他來說，上班只要按時打卡、出現在位置上就夠了。他不會去思考工作的意義，也從來不知道自己原來還有其他的可能性。直到年齡漸長，跨過三十歲，甚至四十歲，才發現薪水都沒漲，自己好像一直停留在原地，旁邊的人卻一個一個升上去。這時候，他才感受到經濟壓力，對未來也開始徬徨。

除非你真的不缺錢，工作對你來說只是打發時間，否則習慣不思考、習慣不檢討，眼前可能無憂，但是絕對後患無窮。除非你是含著金湯匙出生，否則通常職場不舒適，你的日常越舒適，相反的職場永遠很舒適，很可能你的日常越不舒適，你要選哪一個呢？

## #你想要年輕時的舒適，還是中年以後的安穩？

年輕人大概還沒什麼感覺，超過三十五歲的人應該超有感。你會發現，如果選對公司和老闆，過去付出的努力，漸漸會開花結果，再一轉頭，你才發現已經和同年齡的人拉開距離。所以你看看，那些出現「中年危機」的人，為什麼他們的中年開始過得不安穩？往往都是因為年輕時候的選擇，過度舒適了。

人類這種生物，一旦做對事情，受到肯定之後，很容易用差不多的方式、差不多的思考邏輯、做出差不多的事情，因為這樣最快速也最輕鬆。直到市場對這一套再也不買單，才發現自己過氣了，再也沒有競爭力，所以舒適圈是很可怕的，過得太舒服會蒙蔽你的雙眼，影響你的判斷，千萬不要陷進去！

其實每個人都有自己的舒適圈，那些你覺得實力很強、遙不可及的人也一樣，無論是企業家、明星球員、人氣網紅、知名導演，每個人都有自己的舒適圈。如果你從事的工作是有時效性的，一旦到了某個年齡就很容易被取代，例如空服員、模特兒、運動員等，那麼更要趁早規劃未來。

不要以為老鳥就一定穩當，新人可是來勢洶洶啊！以前公司訓練你要花一年，現在訓練新人只要三個月，就能做到跟你一樣的程度，甚至比你出色。而且因為新人資歷淺，薪水往往也比你便宜。你以為公司沒有感覺嗎？絕對有。老鳥優勢通常只存在一定的時間，之後就等著後浪隨時淹沒你！如果沒有及早規劃，被迫轉職時沒有籌碼，也毫無競爭力，就真的麻煩大了。

## #自我升級，是一種人生風險規劃

有些人工作時認真負責，下班後還花時間自我提升，結果被同事笑稱工作狂，被朋友罵奴性太強，甚至被貼上太有企圖心的標籤。其實，他們只是對工作負責、對自己負責罷了，可是有時候身邊的人無法理解。

其實電影《穿著ＰＲＡＤＡ的惡魔》都把上述情節演出來啦！女主角小安進了新公司之後，男友覺得她變了，變得跟那些在時尚產業裡的女人一樣討厭。其實，她只是認真了，認真看待這份工作和這個產業，也因為認真，於是她也開始表現出色了！

有時候你認同的事情，身旁的人未必都能支持你，感覺到危機意識，然後自我追求升級，其實是一種人生的風險規劃。

那到底工作狂與認真工作的差別在哪裡呢？我覺得，只為了工作而工作，工作本身就讓你覺得很快樂，你就是工作狂。但如果你是為了更好的生活而工作、為了更好的未來而工作，那麼你只是知道自己要用什麼去換的人。

當你事業不順、存款不足的時候，朋友會養你嗎？不會，還是只能靠自己呀。所以何必在意別人的看法呢？人生是你自己的，想獲得只能靠自己努力，別人不諒解、閒言閒語何需理會？也別浪費時間去解釋，自己心理踏實就好，畢竟你現在不舒適的日子，就是為了以後的安穩。

**職場辣雞湯——**

**職場不舒適，你的日常越舒適；職場很舒適，你的日常越不舒適現在只打安全牌，真的可以讓你安全一輩子嗎？**

# 32 老闆要顧的是公司利益，不是你的心情

某天我跟幾個老闆朋友深夜暢聊，最後得出一個結論：「不被恨的老闆，根本不算成功。」

當主管、當老闆都一樣，必須不怕當壞人，更不能做濫好人。早點認清這一點，才能徹底把事情做好，才能把團隊和公司績效往上拉。當團隊績效出來，公司才有能力幫員工加薪，給個好年終，給更好的福利，這些團隊的利益，真的比照顧誰的心情重要多了，如果你得整天照顧誰的心情，事情都不用做了。

而且你有沒有發現，在職場上當你心情很舒服、很輕鬆的時候，事情多半都處理不好，容易出小紕漏。當你壓力很大、戰戰兢兢的時候，出來的東西才比較像一回事。

你可能會說，每天這樣上班不是很痛苦嗎？難道上班都不能有心情好的時候嗎？難道，你是為了有好心情而去上班嗎？當然不是，你是為了收入、為了成就感、為了人生的選擇權而奮鬥，那整天顧著心情是想怎麼樣呢？突破這個迷思吧！你到底要的是什麼？如果你要的是表現舞台、成就卓越、名利雙收、財務自由，那就少囉嗦，把那些哀怨的時間拿來成就自己吧！

所以，身為員工也請實際一點。能夠以公司利益為最大利益的老闆，才值得你跟隨，因為他才能讓你領得多、領得久。遇到濫好人老闆，雖然他可能重情重義，但萬一他就是無法讓公司賺錢，再怎麼情深義重，公司也維持不了多久，團隊最後還是得解散，你說是不是？

所以老闆再怎麼嚴格，為的也是團隊的飯碗和年終啊！早點體會這一點的人，職場上會更加順利的啊。

## #遠離身邊有這樣論調的人

分享職場經，曾經看到有人留言說：「要是別人那麼強，幹嘛當你的員工？

他自己去當老闆就好啦！」會說這種話的人，百分之兩萬沒有當過老闆（笑），而且還可能有相當的程度仇視資方、仇視老闆。

我們先來打破幾個迷思：工作能力很強就能當老闆嗎？其實不一定。當老闆最重要的是承擔風險的能力，如果你不願意拿出一筆創業基金，怎麼樣都無法當老闆。老闆一定比較強嗎？其實也不一定，很多老闆未必自己最厲害，但是他能找到一群人，實現他想做的事，他靠的是管理與謀略，未必是自己的專業能力最強，所以「很強就可以自己當老闆」的邏輯，根本不是對的。

其實，會這樣留言的人，只是想要找到「不必變強的理由」。真正想要變強的人，看到職場經才會有感。至於不想進步的人，看什麼都覺得不屑，他們不屑這個社會，不屑成功的人，也不屑想要努力的人。

你在職場上賣力打拚，他會說：「你幹嘛奴性那麼強？」

你受主管賞識，他會說：「幹嘛去當哈巴狗呀？」

你爭取工作表現，他會說：「多做又不會多領！幹嘛那麼笨！」

他們刻意不去看那些人付出了多少努力，所以才能過怎樣的生活，而是只會不斷的用負面思維，批評別人的努力。你我身邊絕對都有這種朋友，請趕快遠離他們，不然受這種價值觀影響，絕對誤你一生。

## #再不喜歡老闆，也該學習他如何爬到今天的位置

如果你想努力往上爬，想掌握人生選擇權，請去追隨那些努力為自己創造美好的人。無論是你的老闆，還是主管，或者優秀的同事，看看他們的成功，一定有他的道理，與其批評他們，為什麼不多花點時間，學學人家為什麼能混得那麼好，對自己不是比較有幫助嗎？

學學人家的處事態度、思考邏輯、經營觀念、利弊判斷，和他實際的做法。或許你並不喜歡你的老闆或主管，但他們能爬到今天的位子，絕對有其過人之處，先試著放下你的個人喜好，學習他們成功的地方吧！

當你的判斷能力越來越好，當你的思考面向越來越廣，整體工作能力提升上去，那些才是真正握在你手中的東西，才是你的武器。

## #職場上的不公不義，有時候只是你看不清

太多粉絲都問過我，覺得自己的主管根本能力不強，為什麼上面的大老闆不知道？我不覺得每個老闆都那麼笨，會不知道誰有幾兩重。主管能待在那個位子，絕對有他的價值，一定有老闆認為的戰略地位，只是你看不懂老闆心中的局。站在不同的視野，看到的東西本來就不一樣，當你覺得上面的人都是笨蛋之前，或許要先懷疑自己是不是沒有看懂整個局，才不會浪費時間不服和埋怨。

就算是他只會拍馬屁，也是他的能力，或者他的存在對老闆來說很有意義，老闆必須透過他，才有辦法處理某些事情，只是對你個人來說沒意義罷了。

有人說老闆只用「自己人」，覺得這樣很不公平。自己人有時候指的並不是皇親國戚，可能只是他信任的人，或者和他有革命情感的人，那些人在公司裡絕對有優先權。如果你覺得這樣很不公平，你應該把自己變成老闆的自己人，搶下門票。

也有人說，為什麼有些老闆只想找「空降主管」？一定是因為有些目標，他認為內部的人才無法達成，這是他經過思考與權衡的結果，別只是抱怨老闆不從

內部晉升。如果內部員工有能力，老闆絕對不會想從外面找，一定是他判斷實在沒有人能勝任，或者真的沒有時間教了，才會這樣做。

空降的人才也是人才，只要能達成目標，對公司來說本來就是一件好事，也表示公司充滿潛力和機會，只是因為內部的你還沒有準備好，所以錯過了這個升職的機會。

機會是給準備好的人，沒有準備好的人，坐不上想要的位置，即使不小心坐上去，也絕對坐不久。所以也不要以為拿到機會，就永遠翻身了，有時候一眨眼就摔慘了，在職場一定要比誰坐得穩、誰領得久啊！

## #老闆不可愛，可能你的年終才會可愛

所以請務實一點，認清世界上沒有完美的老闆。

又要老闆給薪不手軟，又要老闆溫情好講話，最好對員工的要求不要太高，哪有這樣的老闆啦。更何況，如果他是白手起家創業型，或者從基層默默耕耘升職型，他更絕對是一路過關斬將，克服多少洪水猛獸才有今天的，怎麼可能來自

可愛動物區呢？你是要期待他人有多好啦？

如果你的老闆追求完美、高標準、意見犀利，表示他很清楚自己要什麼，這個特質其實會為公司和團隊省掉非常多麻煩。一個不清楚自己要什麼的老闆，很容易發生所謂的「將帥無能、累死三軍」，整個團隊疲於奔命，到最後也得不到什麼好結果。

至於各位老闆們，也請不要矯枉過正、走火入魔喔！決策犀利，不刻意去照顧誰的心情，並不代表你就要踐踏下屬，這完全是兩回事。我並不是請大家完全不在乎員工的感受，而是要在不受別人情緒影響的情況下，仍然做出明智的決定，這也是老闆需要具備的特質和能力。

你可以告訴員工，我知道你很努力、你很辛苦，然後想辦法帶著他提升，而不是認為：「管你願不願意，要你做就給我照辦！」既然當到老闆了，觀念要懂，溫柔也要有，很多事情可以不用做得那麼粗糙，要貫徹心中的理念，還是可以用稍微柔軟的方式。

當領導者堅定而不苛刻，帶著員工往正確的方向走，讓大家一起品嘗到成功的果實，他們才會看見這些犀利背後的用心。

職場辣雞湯——

老闆的嚴格是為了團隊的飯碗和年終

一路過關斬將的老闆，絕對不會來自可愛動物區

# 33 你的老闆是慣老闆，還是好老闆？

說到「慣老闆」，不知道大家的定義是什麼？我覺得太多人濫用慣老闆這個詞了。我經常在臉書、ＩＧ寫職場文，是希望大家能在職場上混得更好，破解你的老闆在想什麼，能夠怎麼更適應職場，甚至很多時候是在教大家要怎麼爭取加薪。但無論寫什麼主題，總會有人留言：慣老闆這麼多，哪有用？

如果你反問他，慣老闆真的這麼多嗎？他可能會說：「對，到處都是，換工作也沒用，反正每個老闆都這樣。」真的到處都是、每個都是嗎？難道只要是期待員工能在職場上表現得更好，希望員工能夠達到目標、對公司有貢獻，就是慣老闆嗎？那這樣的定義未免太仇視資方、仇視老闆了。

我想，在這樣的人眼裡，不被視為慣老闆的定義，可能必須是「不要求員工做任何事，也不要對員工有任何期待，但反正就是加薪兩倍給他！」他才會覺得，這樣才是好老闆。但是，這樣的老闆存在嗎？可能嗎？這不是天方夜譚嗎？

如果真要說到什麼是不好的老闆，我來提出幾種類型，大家也可以試著釐清，你目前的老闆到底是不是慣老闆。

## #六大不值得跟的慣老闆特質

### 一、情緒管理有問題

動不動就暴怒發飆，而且不一定是針對公事，甚至會對員工做人身攻擊。覺得付錢就是老大，經常踐踏你的尊嚴，這種老闆連自己的情緒都管理不好，你還要期待什麼？

### 二、愛凹人又不給錢

可能是要你加班又不給加班費，或者經常要員工在下班時間處理公事，甚至是非公務的一堆事。老是跟你說：自己人不要計較、這個無所謂，可是發薪水或福利的時候，就不把你當自己人了。這種長期硬凹、占員工便宜的老闆，就別跟了吧！

## 三、明明有賺錢卻裝窮

有些老闆為了不發年終或獎金，一直告訴員工要共體時艱，如果公司確實營運有困難還可以理解，但我聽過有些公司明明正常營運，也有不錯的獲利，老闆卻還故意裝窮，告訴員工沒賺錢，獲利完全不願和員工分享，這種又要馬兒跑，又要馬兒不吃草的老闆，你還是快點走人吧。

## 四、沒想法又愛朝令夕改

大家要能夠分辨，什麼樣的朝令夕改是為了公司好，什麼樣的朝令夕改則是因為你的老闆根本沒有想法。如果老闆做事毫無邏輯、雜亂無章，想法反覆又老是愛亂改，你整天收爛攤子都來不及，還指望能學到什麼呢？這只是將帥無能，累死三軍啊。

## 五、狠操壓榨員工

有些老闆死都不多請人，把一個人當五個人用，卻又不願意給更高的薪資，把員工都操壞了，還罵你不耐操。控管人事成本是有個限度的，不是無止盡的省錢、壓榨，就能變成獲利，這樣的老闆還是快快遠離。

## 六、出事先推員工扛

平常不聽員工的意見，一旦出事就推員工去扛。雖然有些事情確實不需要老闆事必躬親，但必須讓員工知道公司能做他的後盾，才能讓前線放心去衝刺。自私自利、處處不挺員工的老闆，也很難讓員工挺他挺得下去。

用這些標準去檢視一下，你的老闆是慣老闆嗎？

如果你的老闆是那種對員工有所要求，但都是為了公司績效，你做出成績，他幫你加薪，公司有獲利，他會拿出來發獎金，這樣也算慣老闆嗎？應該不是吧！

如果你的老闆是那種平常努力也沒比你少，有事情他挽起袖子和你一起奮鬥，遇到問題，他也和你一起解決，出了什麼事他先跳出來扛的人，這樣也慣老闆嗎？應該不是吧！

薪水給得多，平常又沒有工作上的要求，讓你爽領高薪又不用做事的才叫好老闆嗎？任何一家有賺錢的正常企業，都不可能會是如此啊。所以真的不要隨便就把慣老闆的帽子扣在每個老闆身上，一竿子就打翻一船人。開口閉口就把慣老闆掛在嘴邊的人，都不是有正確職場邏輯的人，往往也是在職場表現不佳的人，應該敬而遠之。

## #關於好老闆特質的迷思

那麼，怎樣才叫好老闆呢？

願意傾聽員工聲音的，就是好老闆嗎？我認為要看情況，「願意聽」是一回事，但不是什麼都可以「聽了就照做」，畢竟老闆還是要以公司的整體利益優先，他必須先顧好全體利益，而不是把每個員工的要求照單全收。

有人說，好老闆懂得稱讚員工。懂得稱讚員工確實很好、很加分，但未必一定要這樣才是好老闆。有些老闆雖然不會稱讚人，但是他發放實質的獎金，很敢要求、也很敢給，帶領企業邁向頂尖，難道不是好老闆嗎？

也有人說，好老闆下指令時會確定員工有沒有真的理解，而不是想到什麼就丟出來，讓員工無所適從，好老闆懂得教育員工。關於這點也要看情況，如果你的位階和年資，照理說「點」到某個程度就該懂，那就不是老闆的問題了。

還有人說，好老闆不可以罵人、好老闆要讓員工準時下班、好老闆要給好的福利……等等。

試試看，先寫下你認為的好老闆特質，再繼續往下看。

## #你是在找好老闆，還是在找幼稚園老師？

大家有沒有發現，很多人對老闆的期待，都像是期待遇到一個溫柔的「幼稚園老師」，希望你聽我的意見、希望你不時的稱讚我，更希望你要講到我聽得懂、希望不要罵人、希望能準時下課、希望常常發餅乾。可是，老闆不是你的幼稚園老師或保母，你的期待不該是這些。

我認為的好老闆，應該要能做到這些：

**一、能讓公司穩定獲利，就算暫時不賺錢，也能有穩定的現金流**

換句話說就是：讓公司不缺錢。缺錢的公司風險太大，隨時有倒閉的風險，好老闆如果不是很會賺錢，就要很會找錢。不缺錢的公司，才能準時發薪水給你，才能給你穩定的福利，不會總是想著怎麼壓榨員工。

前面我們說過，創業的成功機率只有三％，其他九七％都是倒閉，所以能做到讓公司不缺錢、穩定營運，已經是很稀少的三％優秀老闆，大家要更對這點有感覺：光是要讓公司生存，就不是件容易的事啊。

**二、不當濫好人，懂得顧群體利益**

有時候他甚至願意當壞人，做出有魄力的決定，就算被討厭、被誤解也無所謂，因為他更注重的是群體的利益，替公司做出最正確的決策。

**三、正派經營、注重道德，把員工當作企業的寶貴資產**

他在追求整體利益的同時，也會兼顧員工的基本權益與安全，如果出了什麼問題，他有肩膀、有擔當，不會躲在後面推員工去扛，或罔顧員工的安全。例如他不會為了讓公司賺更多錢，就要你做違法的事。又例如在疫情嚴重時期，不會為了業績，犧牲你的安全。你應該要能看出老闆的價值觀，去判斷這是不是一個品行良好的老闆。

**四、能創造良性競爭的環境與正面的企業文化**

你的工作表現提升，他肯用加薪回饋，而不是一直剝削你。他希望你工作時認真負責，也希望你注重生活的平衡。每家公司的企業文化不同，有些公司注重效率、穩定、踏實，有些公司嚴謹、注重數據管理，有些公司追求創新、靈活的彈性，有些公司很溫情、像一個大家庭。我認為沒有什麼對與錯，每家公司總是會有自己的一個樣子、一個風格、一種態度，而那通常也就是「老闆這個人的樣子」。

看到這裡，是否覺得什麼老闆會不會罵人、會不會帶人、懂不懂得稱讚人，跟上述這些更重要的事情比起來，真的都只是無關緊要的小事了呢？

綜合來說，「能夠注重公司利益、準時給薪、能把你的工作表現化為實質的報酬，為人正派且具道德，讓公司能夠穩健的存活」，這才是一個老闆該做的事情，也才是你該對老闆有的期待。

**職場辣雞湯——**

**你可以主動離開慣老闆，而不是抱怨他**
**你在找的是好老闆，不是幼稚園老師**

# 富二代憑什麼？
# 人生不公平，不是你不努力的藉口

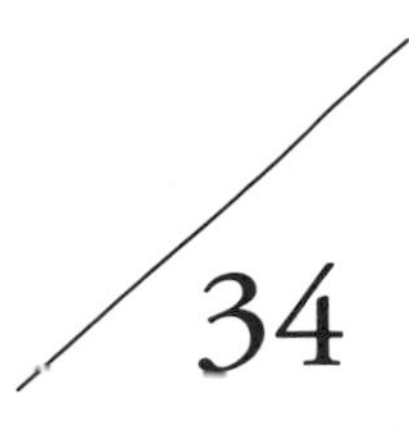

常聽到有人會說，自己的同事或朋友家裡很有錢，根本不需要努力，人生真不公平。也有人說，自己的老闆是富二代，讓他不能信服。

你是不是也蠻常聽到這類抱怨呢？其實這樣的邏輯很奇怪，因為同事、朋友家裡有錢，所以他們好像就可以不用努力？就算是這樣好了，但這又關你自己什麼事呢？如果自覺家裡背景不如人，不是本來就應該要更努力嗎？

至於因為老闆是富二代，你就不信服他，那就更奇怪了。無論是白手起家的老闆，還是承接家裡事業的老闆，都一樣是付你薪水來幫忙做他們想做的事，其實只要是老闆，永遠都會有人信服、有人不信服啊。為什麼要刻意把重點擺在人家的背景上呢？那都是源自於你內心的仇富心態罷了。

無論你的老闆是不是富二代，他都是你的老闆，他想怎麼做的時候，你就盡量協助他，這就是身為他的員工應該做的事。如果不能認同，那就請你幫自己換老闆，道理就是這麼簡單。記得一件事：老闆是你自己選的，要嘛幫助他，要嘛離開他。

## #你以為的不辛苦、不努力，其實是你沒看到

很多人以為有企業二代的背景，就可以不需要努力。實際上，這樣背景的人可能從小就背負著很大的企業使命，在你還在無憂無慮玩樂的年齡，人家可能就已經乘載了整個家族的期待與接班壓力，人家其實比你更早就開始努力。

我也有不少接班家裡事業的二代老闆朋友，有人家裡是鞋業代工大廠，但透過他的運用，打造了網路上的鞋業王國，開拓了全新市場。有人家裡製造不鏽鋼材，在二代加入經營後，運用網路把生意拓展到歐洲，拿下不少訂單，創下了營收新高。有人家裡是飯店業，接班的她看到親子商機，將家裡的新飯店打造成親子旅遊路線，開幕後就經常爆滿，更成為打卡新景點，讓家族成員都刮目相看。

還有另一個二代老闆，接班家裡的海外工廠事業後，他想做的很多內部改革，原本不被家族認同，經過很多年的溝通與抗爭，他才終於得到可以嘗試的機會，他藉由不少組織上的變革與自己的經營方式，讓工廠達到前所未有的規模，獲利也創新高，甚至接下以前從未有過的國際高端品牌訂單，他終於用實力在家族裡證明了自己。

我覺得比起白手起家、沒有包袱的老闆，身為企業二代、三代的老闆，雖然也許家裡有資金、有資源，可是就因為是家裡的事業，無論他想做什麼樣的改變或決策，可能都需要一番革命與更多的時間，而原本經營事業在市場上要面臨的考驗，其實也沒有比較少，你說他們就不辛苦，人生就很容易嗎？我覺得當老闆的沒有一個不辛苦，而企業二代、三代老闆，更一點也不容易！

很多你以為不用努力的富二代，家裡有背景、有資源，對，他可能贏在起跑點，可是他仍然透過自己的奮鬥與腦袋，活用了家裡的資源，打下了更大的江山。這世界上怕的從來就不是那些懶得努力的人，而是那些背景比你雄厚、腦袋還比你聰明，但是卻又比你努力的人！

不要覺得自己背景不如人，就喜歡批評有背景的人，把富二代變成一個貶義詞。無論他是你的同事、朋友、老闆，前面我們聊過，仇視資方不是好事，仇富當然也一樣，都是沒必要的。

## #人生本就不公平，你能做的只有調整心態

你可能會說，有些人的家世背景，讓他們根本可以每天耍廢，不用上班真爽。是的，或許你身邊看到的有些富二代是這樣，他們的確不需要努力，就能過著舒舒服服的日子，而你卻要非常非常的努力，才能在職場上勉強生存，讓你很嫉妒。於是你不小心會有一種「再怎麼努力也比不過這些人」、「再怎麼努力其實也很渺小」的感覺，或許會有點無力。

我覺得你可以想想以下這些點，幫助自己跳脫出來。

一、人家擁有可以不努力的條件，可是真的是每個富二代都沒在努力嗎？他或許可以每天吃喝玩樂，可是為什麼其中有些人，卻過著比你的工時更長、承受更多壓力的生活？他明明可以每天耍廢不管事，為什麼他卻願

意承接下家業，扛下你可能不知道的重擔與無數人的生計？富二代也是人，也會有願意努力跟不願意努力的人。你不應該只看到其中不努力的少部分，就拿來當作你也不想努力的藉口。

二、你覺得人生不公平，其實講這些沒有意義。這個世界從來就不是公平的，有些人出生在戰亂國家，連受教育的資格都沒有，你要他怎麼辦呢？要比不公平，比都比不完。你一直講著不公平，其實只是為了告訴別人，你是因為這樣才不想努力的，你是因為這樣才耍廢的？不想努力就不想，還得找這麼冠冕堂皇的藉口，太遜了吧！

三、先不管別人了，先想想自己有什麼條件可以不努力？如果沒有，你反止還是得在職場上為自己的生活打拚，既然沒有家庭背景支持你，你不是更應該想盡辦法，花最少的時間讓自己得到最多的收穫，以求翻身嗎？怎麼還有時間停下來抱怨不公平？早點面對現實吧！

## #不管富二代還是皇親國戚，那都是一種實力

絕對不要「仇富」，也不要陷入「人生不公平的迷思」裡。不要讓這些人生的不公平成為你不努力的藉口！每個人的家世背景，都是人家上一代或者上上一代的努力，快快收起你的不滿，認清一件事：家世背景本來就是一種實力。你也可以從自己這一代開始努力，成為富一代啊！

職場上，還老是有人會說，誰誰誰是靠拍馬屁上位的，並不是因為他有實力，於是忿忿不平。我會說，如果你們公司只要靠拍馬屁就能往上爬，那麼他會而你不會，那的確就是他的本事啊！真要像你說的這麼簡單，只要拍馬屁就好，其他什麼都可以不用會的話，那為什麼你不去拍呢？人家會拍馬屁，還拍對了馬屁，這就是一種實力。不是你會的才叫實力，別人會的都不算。

也有人會說，有些女同事就是「靠關係」上位的，跟公司高層交往後，就開始對同事態度很差，自以為高人一等，明明沒有什麼實力，卻可以獲得更好的升遷。我還是要說，如果可以，調整一下思考的邏輯，把那些你不願意也做不到的事情視為「一種本事」，把這些你所謂的「靠關係」，都視為人家的「實力」。

不要老是覺得你會的才叫實力，別人會的就是不公不義，當個成熟的大人看待這一切吧！你可以有所為、有所不為，但不要用自己的標準套用在每個人身上。我前面也說過了，每個人都有自己在職場上的生存之道，你或許可以在內心裡不認同，但是那不影響你自己要不要努力。

## #想盡辦法提升自己，你才有資格闖出你要的生活

我看過很多人，在職場上花了過多的心力與情緒，在追求自己認知的公平正義合理，然後公司一家換過一家，老闆一個換過一個，到了四、五十歲才發現這個世界的運作就是如此，沒有什麼地方會有他認為的公平。自己因為鬱鬱不得志，總是對社會憤恨不平，就這樣蹉跎了人生，好像沒有快樂過。

或許你覺得，家世不公平、機運不公平、付出不公平，但這個世界有趣的是，貨幣制度上，也就是你可以賺到的「錢」，卻有一定程度的公平。只要有錢，不管你是誰，每個人都能搭頭等艙、都能去住五星級飯店、都能買下黃金地段的房子，不是嗎？想甩開人生的不公平，你只能讓自己努力賺到更多錢，就不

需要老是憤恨不平了。

唯有想盡辦法提升自己，你才有資格闖出你要的生活。

**職場辣雞湯**

**不是你會的才叫實力，別人會的都不算**

**人生不公平，但錢卻很公平**

# 35

# 追求夢想，你要從小白兔變成狼

霍金曾說，「不要放棄工作，工作帶來意義和目標。少了工作，人生是空虛的。」

分享職場經，是希望大家都可以在職場上少走一些冤枉路。每個人都有自己的寫作風格，有人喜歡暖暖的心靈雞湯，有滿滿的正能量，或許我的文章有點犀利，有點直接，有點現實，所以被大家稱為：葳老闆的辣雞湯，要你辣到有感、辣到刺耳，把你狠狠打醒！比起暖雞湯，辣雞湯可能有點刺激，也許會看了有點不舒服，但有些人看著看著，就因此被辣醒了！

再分享一句也是霍金的名言，「無論生命遇到多大的困難，都不要讓自己怨恨。這是非常重要的，因為你不能嘲笑自己和人生。」

如果你和別人一樣，只在上班時間努力，是不可能比別人出色的。因為你們付出的時間都一樣，你憑什麼贏別人？而且在上班時間內努力，那根本不叫努力，那只是基本的領錢辦事而已。這樣就自以為很努力嗎？能不能對自己狠一點，別人在玩，你在努力，然後有一天你就超前了，這其實只是最簡單的成功方程式。

## #你的能力和心態，決定你的職涯成敗

最後，我想特別寫給正在職場上打拚的女性。大家可以想一想，為什麼很多產業，感覺女性明明比較吃香，但最終主導整個產業的都是男性，女性往往總是爬不到最高的位子？

有人說是因為女性心思太細膩，容易鑽牛角尖、情緒化。很多女性確實有這樣的問題，但也有一些人是因為缺乏事業心，對職涯沒有太多的想法，認為步入婚姻，成為家庭主婦才是女人的歸宿。

我也遇過很多結婚生子之後，想重回職場，卻不得其門而入的女性。

也有很多女粉絲問我，願不願意用已經脫離職場幾年，而且年紀不小的媽媽？她當初也是因為結婚生子而離開職場三、五年，有了兩個小孩之後希望重返職場，卻發現很多企業不願意用年紀較大、離開職場太久的媽媽。

我告訴她，那些東西都不是重點，重點是你的「能力」。只要能力還在，無論你幾歲、生幾個小孩，都有人搶著要。說到底，只有你的實力可以保障你不受那些條件阻礙，所以一定要在年輕時，就先讓自己變強！把工作的能力，累積起來放，成為重回職場的門票。

此外，也有很多女性總是把戀愛和職場的心態顛倒了。

戀愛時，不追求自我與快樂，而是積極配合對方，想扮演對方的理想型，心中只想著：「我是特別的！我想要得到對方的肯定與注意，只要我繼續努力，一定能改變他！」妳願意改變自己，更願意不斷溝通，只想成為他的唯一。只要出現一點點問題，妳會很焦慮、找尋所有蛛絲馬跡，因為妳眼裡容不下一顆沙粒！如果出現競爭者，妳一點都不想輸！妳還會設定目標，像是三十歲前要嫁掉之類的，然後汲汲營營的想盡辦法達成目標！

以上態度，用在職場很難不成功吧？

但偏偏到了職場，可能卻變成以這樣的態度面對：「我只想要開開心心，做自己有興趣的事。」「職場溝通、做人好難！為什麼一定要這樣？」「凡事不要太勉強自己，不然也太奴了！」「我本來的性格就是這樣，為什麼一定要改變？」

談戀愛時，怎麼不像這樣呢？把快樂、開心、愉悅、不要奴、做自己，擺在前面。在職場上，怎麼不像戀愛一樣呢？總是積極、爭取、溝通、願意改變、目標導向、不想輸。

兩種態度弄相反的，很可能職場表現平凡、戀愛也不快樂。而頭腦清楚，態度正確的女人，你會看到她：職場情場兩得意。試試看，把兩種態度交換一下？

## #用野心和勇敢，追求你想要的一切

無論男女，每次看到許多軟弱無助且徬徨的提問：「我現在努力還來得及嗎？」「我真的很怕會有不好的結果……」「可是我年紀大了！」「我是新鮮人，我不太敢去挑戰……」我都很想告訴他們，為了你的人生，能不能堅強一點，從小白兔變成狼啊！就算你的夢想沒有大到要去創業，或也沒有想要成為高階主管，但只要想在高度競爭的職場上不被淘汰，你就是應該堅強起來！

不要害怕自己的表現不符別人的期待，害怕自己的專業度跟學經歷沒有相符，害怕自己的表現讓別人失望，我知道你是太在乎所以害怕，害怕被覺得弱、被覺得笨，所以用力把自己藏起來。然而一旦把自己藏起來，你在職涯上的可能性，就也會永永遠遠被藏起來！

不斷嘗試，才會發現新的自己。以前我不會這個，現在我會了！以前我覺得我不行，現在我竟然可以！這些都是透過「不斷嘗試」。

以前這樣你就會很挫折，現在覺得還好了，以前這樣你就很受傷，現在你不會了，都是嘗試中學習來的啊。

不要怕嘗試，不要怕失敗，學到什麼才重要！

如果可以，更有野心一點，不要只覺得過這樣的生活就好了。如果當年的我，創業後沒有足夠的野心，沒有選擇北漂打拚，沒有迎戰每個機會，那我就沒有現在的視野，更沒有現在的生活。

「如果可以，想看到你們都是狼，而不是小綿羊。」

「如果可以，希望你們不只想要加薪一萬，而是想要薪資翻倍！」

以上，是我跟我的核心團隊們說的話。

雖然我總是會不斷鼓舞大家，但最終，自己到底有沒有野心，才是關鍵啊。

如果可以，不要只是追求安穩度日，追求小確幸。為什麼不讓自己活得燦爛一點呢？當一隻果敢的狼，狠狠的獵捕你想要的一切吧！

**職場辣雞湯──**

**你的心態，決定你的職涯成敗**

**當一隻果敢的狼，狠狠的獵捕你想要的一切吧！**

新商業周刊叢書BW0782

# 職場又不是沙發，追求舒適要幹嘛？

## 周品均的35堂犀利職場課

國家圖書館出版品預行編目(CIP)數據

職場又不是沙發，追求舒適要幹嘛？周品均的35堂犀利職場課/周品均著. -- 初版. -- 臺北市：商周出版：英屬蓋曼群島商家庭傳媒股份有限公司城邦分公司發行, 民110.10
面； 公分. --(新商業周刊叢書；BW0782)

ISBN 978-626-7012-90-1(平裝)

1.職場成功法

494.35　　110014752

作　　者／周品均
責任編輯／黃鈺雯
文字整理／黃詩茹
封面造型／林靖怡
封面攝影／六年八班工作室
版　　權／吳亭儀、顏慧儀、林易萱、江欣瑜
行銷業務／周佑潔、林秀津、賴正祐、吳藝佳

總 編 輯／陳美靜
總 經 理／彭之琬
事業群總經理／黃淑貞
發 行 人／何飛鵬
法律顧問／台英國際商務法律事務所
出　　版／商周出版　臺北市南港區昆陽街16號4樓
電話：(02)2500-7008　傳真：(02)2500-7759
E-mail：bwp.service@cite.com.tw
發　　行／英屬蓋曼群島商家庭傳媒股份有限公司　城邦分公司
臺北市南港區昆陽街16號8樓
電話：(02)2500-0888　傳真：(02)2500-1938
讀者服務專線：0800-020-299　24小時傳真服務：(02)2517-0999
讀者服務信箱：service@readingclub.com.tw
劃撥帳號：19833503
戶名：英屬蓋曼群島商家庭傳媒股份有限公司城邦分公司
香港發行所／城邦(香港)出版集團有限公司
香港九龍土瓜灣土瓜灣道86號順聯工業大廈6樓A室
電話：(852)2508-6231　傳真：(852)2578-9337
E-mail：hkcite@biznetvigator.com
馬新發行所／城邦(馬新)出版集團
Cite (M) Sdn Bhd
41, Jalan Radin Anum, Bandar Baru Sri Petaling,
57000 Kuala Lumpur, Malaysia.
電話：(603)9057-8822　傳真：(603)9057-6622　email: cite@cite.com.my

封面設計／張巖　內文設計暨排版／無私設計・洪偉傑　印　刷／鴻霖印刷傳媒股份有限公司
經 銷 商／聯合發行股份有限公司　電話：(02)2917-8022　傳真：(02) 2911-0053
地址：新北市231新店區寶橋路235巷6弄6號2樓

ISBN／978-626-7012-90-1（紙本）　978-626-7012-92-5（EPUB）

定價／360元（紙本）250元（EPUB）

2021年（民110年）10月初版
2024年（民113年）5月初版34刷

城邦讀書花園
www.cite.com.tw